吉田文和著

ＩＴ汚染

岩波新書

741

はじめに

いま、IT(Information Technology、情報技術)は、日本経済を新生させる救世主として期待を集めている。ITの基礎となるマイクロエレクトロニクスは技術革新のテンポが速く、半導体を基礎として家電製品、携帯電話、通信機器などに広がって、日常生活に深く入りこんでいる。世界的にみても、ITの急速な展開にともなって、半導体生産も活況を呈し、アメリカとアジアを中心に経済のあり方を大きく変えつつある。

半導体のなかでも最も重要なマイクロプロセッサー生産の八〇%以上を支配しているのが、インテル社である。世界経済のリーダー的企業である同社は、六~一八ヶ月ごとに新しい生産ラインをつくり続けている。たとえ市況が悪化しても、競争力の源泉となる半導体投資は絶対に緩めないというのが同社の方針である。それだけでなく、この産業に原料と化学物質を供給する部門も拡大している。

ほんの二〇年前まで半導体生産は、アメリカ・カリフォルニア州のシリコンバレー、ボストン近郊の国道一二八号線周辺、それに西ヨーロッパと日本に限られていた。それがいまでは、アメリカ国内でいえば、ニューメキシコ州、アリゾナ州、オレゴン州、アイダホ州、テキサス州などに広がり、一方アジアでは、台湾、中国、韓国、マレーシア、シンガポール、タイなどへ広範囲に拡大しつつある。いまや世界には一〇〇〇以上のIT工場が立地しているのだ。同じ半導体関連施設であっても、研究開発の拠点施設は依然としてアメリカや西ヨーロッパ、日本に集中している。それに対して、労働力や水などの資源を多く使う製造工場は、アメリカ国内の西南部やアジア各地へと移っている。いまや、アジアがIT生産の中心基地となりつつあるとさえいってよいだろう。

読者の多くは、マイクロエレクトロニクス産業と聞けば、煙突のないクリーンな産業で、環境汚染とは縁遠いと思うのではないだろうか。また、職業病も少ないというイメージを抱くかもしれない。だが、事実はどうだろうか。いまや半数の家庭にあるパソコンには、製品になるまでに実に数百もの化学物質が使われ、そのなかにはきわめて毒性の高い物質も含まれている。マイクロエレクトロニクス産業は「化学的集約度が最も高い産業」であるといわれるのはこのためである。また競争が厳しく、技術進歩が急速なために、研究開発の期間は、従来の六〜八年から二〜三年に短縮されている。その結果、化学毒性の評価と対策が後手に回りやすい。

ＩＴ産業の環境への影響が見逃せないということは、すでに前著『ハイテク汚染』(岩波新書、一九八九年)で明らかにした。シリコンバレーのフェアチャイルド半導体工場の地下タンクで有機溶剤漏出事件が起きたのをきっかけに、一九八〇年代からすでに、飲料水汚染、先天異常、高い流産率、発ガンなどが社会問題となってきた。現在でもシリコンバレーには全米最多の連邦スーパーファンド地点(有害廃棄物汚染地のこと。詳しくは序章)があり、汚染地の浄化を続けている。

いまや問題はシリコンバレーだけではない。ＩＴ生産がアジアに広がることで、汚染もまたアジアへと拡大している。世界ＩＴ製品の一大基地となっている台湾の新竹《シンチュウ》科学工業園区はいま、周辺の水環境汚染、土壌・地下水汚染、そして廃棄有機溶剤問題に直面している。

それだけではない。新製品が開発されることによって、新たな問題も生じてきた。使用済みＩＴ製品問題である。日本では現在一日約七万台もの携帯電話が廃棄されている。驚くほどの勢いで社会的に陳腐化されるパソコンや携帯電話が「ゴミ」となってあふれ出し、潜在的な有害廃棄物となっている。だが、有効な対策が打ち出せていない。

本書は、世界に広がるＩＴ生産と、それが引き起こす環境問題を、ＩＴ製品の生産・流通・消費から廃棄にいたるまでの一貫したプロセスのなかでとらえる試みである。

ここでITという言葉の使い方について断っておこう。本書ではITという場合、半導体を中心とするハードウエアをさし、さらに液晶、コンデンサーやスイッチ、音響部品など関連技術も多く含まれているので、それを強調する場合、ハイテクITと呼ぶことにする。

調査の範囲は、文字通りグローバル化するIT生産を追跡するために、アメリカ・日本・ヨーロッパ・アジア諸国におよんだ。これによって、グローバル化する「IT汚染」について、読者のより一層の理解が得られれば、本書の目的は達せられる。

二〇〇一年四月

著者しるす

目　次

序　章

シリコンバレーふたたび

アメリカ・シリコンバレーにあるインテル本社

変貌するシリコンバレー

一〇年ぶりに訪れたシリコンバレーであった。

ネットスケープといえば、インターネット関連のソフトウエア会社として知らない人はいないだろう。本社は、シリコンバレーのマウンテンビュー市にある。その土地は、フェアチャイルド半導体工場の跡地にあたる。そこは、いまから二〇年前、有機溶剤の漏出により地下水脈を汚染し、社会問題となった、まさにその現場である。

だが、建物のそばにひっそりと立つロケット型の地下水浄化塔の存在に気づく人はほとんどいない。かつて半導体を洗浄していた有機溶剤が地下タンクから漏れ、そのため地下水が汚染された。それをいまでもポンプで汲み上げ、下から風で吹き上げて有機溶剤を揮発吸着させているのである。

半導体を製造していた工場の跡地に立つ最先端のソフトウエア会社。その風景は、ハードウエアからソフトウエアへ重点を移しつつある、いまのシリコンバレーを象徴している。シリコンバレーの変貌ぶりには眼をみはるばかりである。シリコンバレーのサンノゼ市の中心街は都市再開発が進み、ソフトウエア会社や金融関連会社の入居がめだつ。他方、半導体を中心とするハイテク製造工場は、その数を大きく減らしている。

シリコンバレーとは、アメリカ・カリフォルニア州サンタクララ・バレーの別称であり、サンフランシスコの南東約七〇キロメートルのところにある。もともと、果樹園などが多かった地域に、産学協同で有名なスタンフォード大学を中心にエレクトロニクス関係企業が第二次大戦後に立地集積してきた。ヒューレット・パッカード社、フェアチャイルド半導体、インテル社、そこからのスピンオフ企業など、ハイテク・ベンチャーの中心地として名が知られている。

近年では、インターネットを中心としたソフトウエア開発にその重点が移っているものの、シリコンバレーが、現在でもインテル社などに代表される半導体研究開発の世界的拠点であることに変わりはない。

ネットスケープ本社と地下水浄化塔

シリコンバレーでは現在、半導体工場の数は減っている。しかし二〇年前にこの土地を揺がしたハイテク汚染は、いまも過去の話になっておらず、また、ハイテク汚染対策は確実に進みつつある。ＩＴに期待が寄せられる今日、なお続けられるハイテク汚染対策から予防と対処の教訓を引き出すことは、アジアを中心とする国々にとって大変重要であろう。

全米最多の汚染地点

アメリカ連邦政府は、過去の有害廃棄物汚染地に浄化順位をつけて、その上位から優先的に汚染浄化を進めているが、そのための基金がスーパーファンドと呼ばれている。化学物質や石油に対する課金や汚染者の負担金が原資となっている。連邦スーパーファンド地点は全米で一二〇〇ヶ所にのぼる。

シリコンバレーには、現在でも全米最多の連邦スーパーファンド地点があり(図序-1)、そのうち少なくとも二〇地点がエレクトロニクス関係工場の敷地だ。

被害の大きさを表す数字をいくつかあげよう。これまでに合計約三億ドル(約三三〇億円)もの金が、シリコンバレーの汚染調査と浄化に投下されてきた。過去十数年間に主な七つの会社が浄化のために汲み上げてきた汚染水は、年間四〇〇億～八〇〇億ガロン(一五〇〇万～三〇〇〇万トン)。これは、六〇万人から一二〇万人の住民に一年間水を供給できる量に匹敵する。

かつてシリコンバレーでは三〇〇以上の工場から有機溶剤などの化学物質が地下に漏れ、地

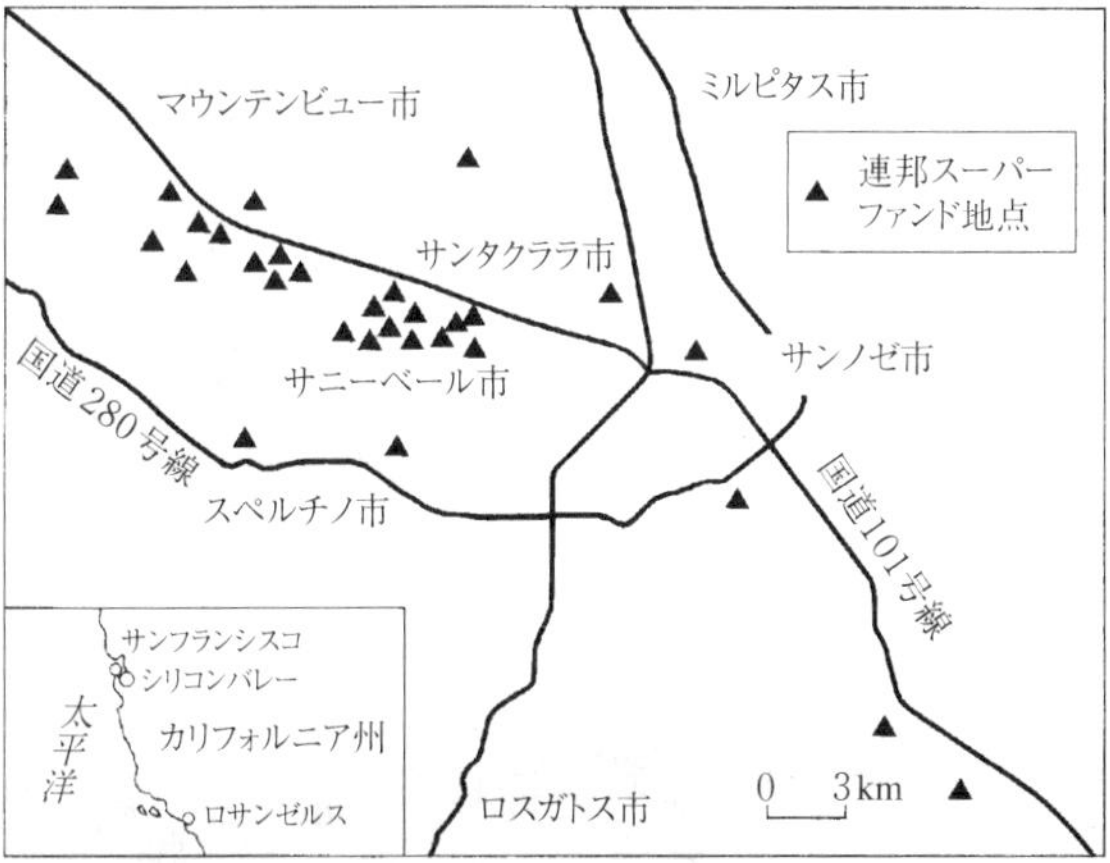

図序-1　シリコンバレーのスーパーファンド地点

下水汚染を起こし、六九の井戸が閉鎖された。その結果、飲料水はサンフランシスコ側のハチハチ貯水池などから移送する措置がとられた。それでもすべての飲料水をまかなうことはできない。いまもシリコンバレーの地下水依存度は約四〇%という高さである。だからこそ、地下水浄化がいまも続けられているのである。

続けられる汚染浄化

約二〇年前に発覚した南サンノゼにあるIBM工場の地下水汚染は、約五キロ四方に広がり、八つの私有井戸と一七の公共井戸が閉鎖された。IBMは年間二四〇〇万ドル(約二六億円)を使い、五億ガロン(約二〇万トン)の汚染地下水を汲み上げている。

フェアチャイルド半導体サンノゼ工場（上，1980年代初め）とその跡地に立つマーケット（下，2000年）（いずれも同じ場所から撮影）

ＩＢＭとともに飲料水の井戸を汚染し、周辺住民に健康被害をもたらしたとして訴えられたフェアチャイルド半導体のサンノゼ工場（冒頭のマウンテンビュー市の工場とは別）は取り壊され、スーパーマーケットに姿を変えたが、いまでも浄化のために汚染地下水の汲み上げを続けている。たんに汚染地下水を汲み上げるのは、資源の浪費であるという批判もあるようだが、活性炭吸着などの方法で汚染の拡大を防ぎ、バクテリアを使った生物学的浄化を続けることに意義はあるだろう。

シリコンバレーの汚染の発生源は、半導体工場だけではなかった。シリコンバレーへの化学物質運搬に使ったドラム缶を再生する過程でも同様の汚染は起きている。再生業者ロレンツ・バレル・ドラム社によるＰＣＢ（ポリ塩化ビフェニル）・有機溶剤・農薬の汚染地は、連邦スーパーファンドによる浄化が進んでいる。一九九二年から地下水処理の装置が稼働し、二万六〇〇〇本のドラム缶が撤去され、一九九八年に浄化を完了した。ロレンツ・バレル・ドラム社が破産しているため、問題の費用負担については、連邦環境保護庁の働きかけで、ドラム缶を持ち込んだ責任当事者約六〇社、および汚染とのかかわりが小さい約八〇社が負担するとの合意に達した。廃棄物を発生させた者が責任を取るかたちで解決がなされたのである。

最近一〇年間で、シリコンバレーにおける地下水汚染の浄化は、地域住民と企業による引き続く努力で成果をあげた。だが、一度汚染された土壌と地下水を浄化するには膨大な費用と時間がかかるのである。

健康被害の調査

シリコンバレーのハイテク汚染では、どのような被害が人体にもたらされたのであろうか。

かつて、フェアチャイルド半導体サンノゼ工場による地下水汚染のさいには、カリフォルニア州政府の調査で、被害地域住民に、ほかの地域とくらべ約三倍の先天異常児の出生が確認された。その後の州政府の調査では、工場による汚染と先天異常との因果関係は認められなかったが、それから一〇年の間に、いくつかの研究が発表された。二つほど紹介しよう。

シリコンバレーに化学物質や有毒ガスを運ぶトラック

一つは、カリフォルニア州が一九八二年から八八年に行った各種調査のまとめである。この報告書は、妊娠初期に飲料水飲用を避けた方が自然流産率は低くなるとしながらも、飲料水を分析しても他の水質との差を確認できなかったと総括している。

もう一つは、カリフォルニア州の一〇五ヶ所のスーパーファンド地点付近四五〇メートル内に妊娠初期三ヶ月以内の時期に住んでいた妊婦に、どれぐらいの割合で先天異常児が生まれたかについての調査である。これによれば、揮発性有機物質への被曝と出生児の神経系異常との関連が通常の場合の二倍、有機溶剤のジクロロエチレンへの被曝と出生児の心臓疾患との関係が四倍の率で確認されている。

このほかにも、妊娠初期における有機溶剤への被曝と先天異常との関係を認める研究が多数出されている。

訴えられる半導体工場

詳しくは第一章で見るが、半導体を生産する工場は化学物質にどっぷり浸かっている。そこで働く労働者のなかにもまた、化学物質の影響による健康障害を抱えている人が少なくない。

汚染された地下水を汲み上げるポンプの開け口

その一人、ガリー・アダムスは、ＩＢＭサンノゼ工場の材料分析部門のポリマー・プラスチック開発グループに一九六五年から勤めていたが、自分も含め同僚一〇人のうち、八人がガンになり、ガリー以外の七人が亡くなった。四人は脳腫瘍である。ガリー自身、大腿骨に悪性腫瘍ができて手術を受けた。

ポリマー・プラスチック開発グループは、ＩＢＭのメインフレーム部分に使うプラスチックを研究・開発していた。世界を席巻したコンピュータ・モデルのシステム三六〇をIBMが発表した直後で、「それは大変面白い作業だった。だが、一日中環境に注意も払わず、科学的知識が不十分なまま、化学物質や溶剤を扱っていた。溶剤が手袋を浸透して皮膚に触っていたこともあったが、それを無視してしまった」とガリーは証言する。その工程ではトルエン、キシレン、塩化メチレン（有機溶剤）など、多くの化学物質が使用されていた。爆発防止には注意が払われていたが、化学物質の毒性については十分注意していなかったという。

相次ぐ同僚の死に衝撃を受けたガリーは、「利益よりも人間優先」のオープン・ポリシーを掲げるIBMの幹部に直訴したが、「化学物質とガンに関係はない」と却下された。ガリーは一九九五年に三〇年勤めたIBMを退職している。

一九九八年二月、このIBMサンノゼ工場は、工場に化学原料を供給したシェル石油とユニオン・カーバイド社などとともに、ガンなどにかかった四五人の元労働者から訴えを起こされ、現在も審理が続いている。裁判の過程で、元IBM労働者の健康記録の開示も行われるようになっている。

現在、ハイテクIT産業の労働環境はかなり改善されている。当時使われていた化学物質のうち、いまでは使用が中止されているものも少なくない。しかし化学物質がたとえ原因であっても、ガンの発病までに一〇年ないし二〇年の潜在期間がある。また、化学物質への被曝と流産についての関係は、研究が進んでいるが、それにくらべると発ガンとの関係についての研究は遅れているのが実情だ。

二五万人の百万長者と二万人のホームレス

環境汚染の話から脇道にそれるように思われるかもしれないが、ここで社会としてのシリコンバレーがどのような変化のなかにあるか、どんな問題を抱えているかを見ておこう。

シリコンバレーではこの二〇年間で人口が一八〇万人から二四〇万人へと約三〇％以上も増加しているのだが、逆に一九九九年には、シリコンバレーからの転出人口(一万三〇〇〇人)が、転入人口(一万八〇〇〇人)をはじめて上回った。人口流出傾向が顕在化したと見ることもできるが、もともとシリコンバレーでは人材の流動化傾向は高い。それに加えて、市内の普通の一戸建てが五〇〇万ドル(約六〇〇〇万円)以上するなど、住宅とオフィスの高コスト構造が定着したために、シリコンバレー以外での起業が増加しているのだ。

それだけではない。日本のバブル期のような地価高騰のあおりで、驚くことに仕事はあっても家に住めないという人々が増えているのだ。とくに給料の低い教師や郵便配達員などの公務員にとって、事態は深刻である。これは、地域社会の維持にとって重大なことで、インテル社などは従業員の子弟の教師にまで住宅手当を支給しているという。

シリコンバレーには、ストック・オプションなどの株式上場で百万長者、文字通り一〇〇万ドル以上の財産をもつ人が約二五万人も誕生したといわれる。しかし同時に、仕事はあっても家に住めないという約二万人のホームレスが、冬期になるとキャンピングカーや倉庫、そして軍の施設などを利用したホームレス・シェルターにあふれている。まさにデジタル・デバイド(情報技術による格差)の別の一面といえよう。

ホームレス・シェルター

多くのアメリカ人、とくに所得が低く教育を受ける機会が少なかった人たちは、インターネット時代のネットワークの恩恵に浴する機会が与えられていないと、米国商務省報告『ディジタル・エコノミー二〇〇〇』(東洋経済新報社刊、一三九頁)も認めている。ITの最先端をいくシリコンバレーも例外ではないのだ。

問われる公共政策

シリコンバレーに限らず、サンフランシスコ湾岸一帯の、交通渋滞と住宅不足問題は深刻で、毎年悪化の一途をたどっている。いまだにサンフランシスコとサンノゼを結ぶ公共交通機関は、七〇キロに一時間半かかるカル・トレインという鉄道が一本とバスしかなく、あとは個人の自動車に頼るしかない。日本であれば、快速電車で一時間とかからない距離である。

住宅不足問題の背景には、九〇年代の経済好調がある。シリコンバレーでは一九八〇年代には一つの新住宅に対して二つの新雇用が生まれたが、一九九〇年代にはそれが三つの新雇用になったという。たしかに、住宅の需給アンバランスは著しいが、かといってたんに住宅供給を増やせばすむ問題ではない。サンタクララ郡全体の都市計画や効果的な土地利用を再検討すべき時期にきている。公的な住宅供給制度も不充分である。

各種の環境悪化に対して求められるのは、公共政策の役割である。公共交通網の整備と都市計画と公的な住宅供給政策の充実がはかられなければ、シリコンバレーの環境改善は望めない。このままではシリコンバレーの環境悪化と空洞化は避けられないであろう。

こうしたなかで、シリコンバレーを縦貫するライト・レイル・トランジット(新型路面電車)は開通して一〇年たつが、公共交通網改善の試みの一つとして評価できよう。

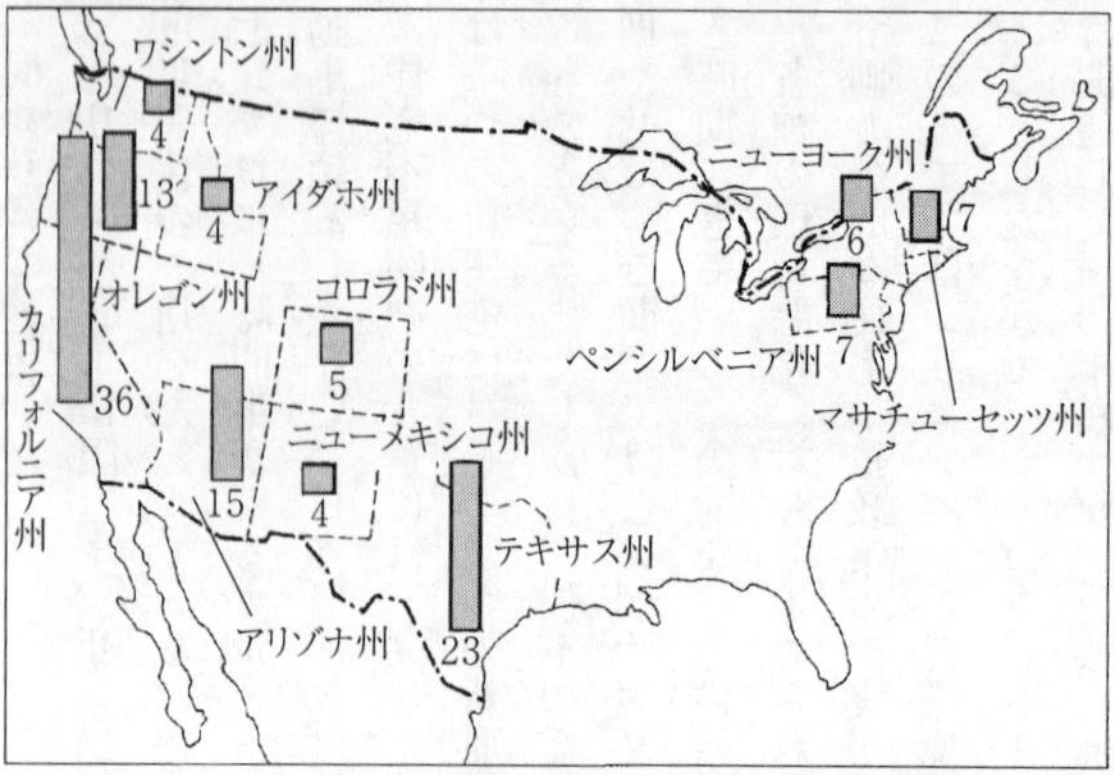

図序-2　アメリカの半導体工場の立地(TRI 1998年度報告の上位11州)

シリコンバレーを脱出するハイテク工場

前にも述べたように、いまシリコンバレーでは、半導体の研究・開発とインターネットなどのソフトウエア開発の拠点は依然として残留しつつも、従来の製造プラントは、賃金・土地代の高騰と厳しい環境規制を逃れて、シリコンバレーを脱出する動きが跡を絶たない。

シリコンバレーには半導体工場が約四〇ある。東海岸のボストンの国道一二八号線周辺には、約一〇の半導体工場がある。これらの比較的古い半導体工場に対して、近年、南西部に半導体工場の立地がめだっている(図序-2)。

シリコン・ヒルと呼ばれるテキサス州には約二〇の半導体工場があり、さらにシリコン・デザート(砂漠)と呼ばれるアリゾナ州には、フェニックスやテンピを中心に約一五の半導体工場が立地し、シリコン・メサと呼ばれるニューメキシコ州にはアルバカーキを中心に四つの半導体工場がある。カリフォルニア州の北、オレゴン州はシリコン・フォーレストと呼ばれ、一三の半導体工場がある(以上の各工場数は、一九九八年度のＴＲＩ(有毒物質年間排出目録)報告工場数であり、この他に報告義務のない小規模工場や研究開発試験工場が多数存在する)。南西部のこれらのハイテク工場は、各州の税制優遇などを使ったハイテク産業誘致策で立地したものもある。

このなかで、アリゾナ州のフェニックスには、多くの半導体工場とプリント基板製造工場が立地しているが、フェニックスの地下水汚染の四分の三はこれが原因となっている。なかでも、モトローラ社は連邦スーパーファンド地点を三つ抱え、七四〇〇万ドル(約八〇億円)を対策に使っている。健康被害を訴える住民からの訴訟も同社に出された。

ハイテクＩＴ産業はシリコンバレーを脱出しても、環境問題への責任を逃れることはできないのである。

第1章

IT 生産と環境問題

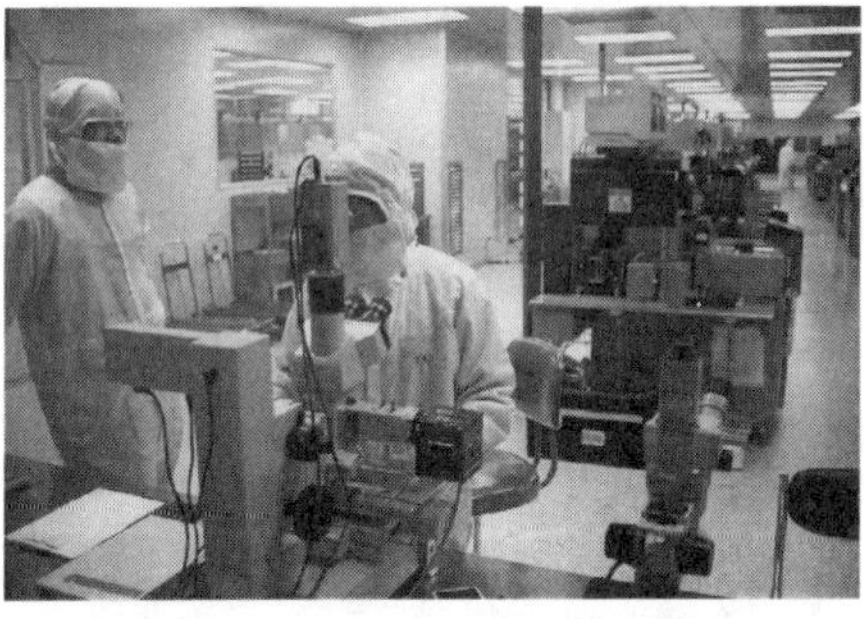

白衣に身をつつみ，半導体の検査をする
従業員たち(台湾新竹科学工業園区にて)
(毎日新聞社提供)

1　ＩＴと環境問題との関係

正負の関係性

ＩＴと環境問題との関係には、正負の両面がある。ＩＴが環境負荷を低める面と、ＩＴが環境負荷を高める面である。ＩＴのもたらす環境汚染を本書で見ていくにあたって、まず、わたしたちはこの二面性を正確にとらえておく必要があるだろう。

まず正の側面から二点指摘できる。第一に、環境のモニタリング(観測)やモデリングにＩＴを利用できるという側面である(ワールド・ウオッチ研究所『地球白書』二〇〇〇〜〇一年版参照)。人工衛星のセンサーには高性能のマイクロチップが組み込まれているが、このおかげで、これまでよりもずっと詳しく環境の変化を画像で提供できるようになった。また、地球温暖化などの環境シナリオを調べるのにもコンピュータは欠かせなくなっている。

ＩＴと環境問題についての研究者であるジャン・マズレックは著書『マイクロチップをつくる』で、半導体産業の環境・労働安全衛生問題を考察しているが、そのなかで、ＩＴ技術の可能性を活かしきっていないと指摘している。たとえば、環境中への有毒化学物質の放出を報告するTRI(有毒物質年間排出目録)は作成から公表までに二年もかかっているが、技術的にはインターネットを使って報告ができるし、公表までの時間ももっと短縮できるはずだ。また、TRIは必ずしも実測データをもとにしていないが、ITを組み込んだ自動計測器を使って連続測定が可能であるという。

第二に、環境のためのネットワークづくりにITを活用できるという面である。これもプラスの関係といえよう。

インターネットや携帯電話などの新しいコミュニケーション手段は、あらゆる種類の情報の交換をこれまでよりはるかに短い時間で行えるようにした。ネットワークは、遠く離れた人々をつなぐことによって、研究者や活動家が協力して環境問題の解決にあたることも可能にする。実際に日本の環境NGOには、インターネットのメーリングリストを使った共同研究のネットワークが数多く展開している。

ITによるネットワーク化が環境負荷を減らすという点に関連して、ITが将来的には通勤を不要にし、在宅労働や省エネルギー機器をつくり出すともいわれている。しかし、インターネットを使った発注システムひとつをとっても、最終的には、製品が運ばれなければならないので、本当に省エネルギーになるかどうかは疑問だし、アメリカの電力需要の三〜一三％はインターネットにアクセスするコンピュータ使用から発生するという専門家の試算もある。ＩＴの普及が最終的にエネルギーの節約や廃棄物の削減につながることになるかどうかは慎重に判断されねばならないだろう。

このように、環境のためにＩＴを活かす可能性を十分に認めながらも、わたしたちは負の側面に目をつぶるわけにはいかない。それは、ＩＴの製造、利用、処分が環境に与える問題である。

コンピュータを製造するには、膨大なエネルギーと水が必要となる。コンピュータチップを形成するシリコン半導体は、とくにエネルギーと水の集約度が高い。直径八インチ(約二〇センチ)のウエハー(基板)を週に五〇〇〇枚つくる大規模な半導体工場になると、小都市一つと同じくらいの電力と水を消費してしまう。重さ二五キログラムのコンピュータを製造するのに、六三キログラムの廃棄物が出て、そのうち二二キログラムは毒性をもつという。さらに使用済みコンピュータや携帯電話の処分も大きな問題を抱えている。

本書ではこうした環境へのマイナスの影響について詳しく見ていくことにする。

ＩＴが環境にどのような負荷を与えるかは、大きく分けて、ＩＴ製品の生産にかかわる環境負荷と、ＩＴ製品が使用済みになり廃棄物になった場合の環境負荷の二つがある。後者の問題は、第四章で扱おう。

生産の問題に関連して、ＩＴ産業が素材産業に影響をおよぼしている点も見逃せない。パソコンや携帯電話の解説書の分厚さにはいつも驚かされるが、ＩＴ機器の普及は解説書需要を牽引している。印刷情報用紙の出荷とパソコン生産の前年比伸び率はまさに対応しているのだ。また、半導体の封止材用の樹脂や液晶用基板ガラスなど、化学・非鉄金属・窯業・土石産業がＩＴの恩恵に浴している。斜陽産業となっていた国内非鉄金属産業も、いまやＩＴ産業に金・銀・ヒ素・パラジウムなどの金属素材を供給し、リサイクルする産業として息を吹き返している。

2　半導体生産が生み出す環境問題

半導体とは何か

携帯電話などのＩＴ製品には、ＩＣ（集積回路）、ＬＳＩ（大規模集積回路）など半導体を利用した電子部品が欠かせない。携帯電話にはこのほかに、液晶部品や一般受動部品（コンデンサーなど)、高周波部品、音響部品などが使われている。前に触れたように、これらの部品全体を指して、マイクロエレクトロニクス、あるいはハイテクITと本書では呼ぶことにしている。

これまで何度も登場しているが、半導体とは何であろうか。

物質のなかでゴムやガラスなど、抵抗が大きく電流が流れにくいものを絶縁体と呼び、銅やアルミニウムなどの抵抗が少なく電流が流れやすい物質を導体と呼んでいる。

それに対してシリコンやゲルマニウムのように、物質によっては、光を当てたり、熱を加えたりすると、電気を「通さない」から「通す」へと、性質の変わるものがある。これが半導体である。この性質を使って、文字や数値を記憶したり計算するなどの各分野で半導体が使われている。

コンピュータの計算方法は、0と1しか使わない二進法である。0が電気を「通さない」、1が電気を「通す」に対応させ、半導体を用いてこの切り替えをすばやく行わせる。半導体が画像や文字を記憶する場合も、画像を非常に細かく碁盤の目に切って、それぞれを白と黒の部分に分けて、0と1に対応させて記憶するのである。

また特定の半導体は、電気を通すと内部で電子の運動が活発になり、その結果、エネルギーが高まり光を出す。これが発光ダイオードである。さらに、半導体には、音声を合成したり、光を感じたり、さまざまな機能をもったものができている。こうしたいくつもの種類の半導体を複雑に組み合わせながら、ＩＴ製品はつくられているのである。

なお、以上のように半導体とはもともとは特定の電気的性質をもつ物質のことであるが、産業界では集積回路のような半導体部品を総称して半導体と呼んでいるので、本書も以下この慣行にしたがおう。

半導体工場の生産工程

半導体の生産工程を見てみよう。工程はウエハー(基板)を製造する「前工程」と、組立・検査の「後工程」に分かれる。

円柱状の単結晶シリコンを薄くスライスしたウエハーは、洗浄されたあと、高温で焼かれ、表面に酸化膜がつくられる。これに感光剤が塗られ(フォトレジスト工程)、写真の焼き付けのように、紫外線で集積回路のパターンが焼き付けられる(露光・現像工程)。紫外線にさらされなかった部分は、化学薬品で取り除かれる(エッチング工程)。さらに、ウエハー本体上に不純物(ヒ素、リン等)が高温拡散され、イオンが注入され、化学蒸着(ＣＶＤ)を使って化学反応で半導体層がつくりこまれ、半導体ウエハーにできあがる(図1-1)。

図1-1　半導体のできるまで

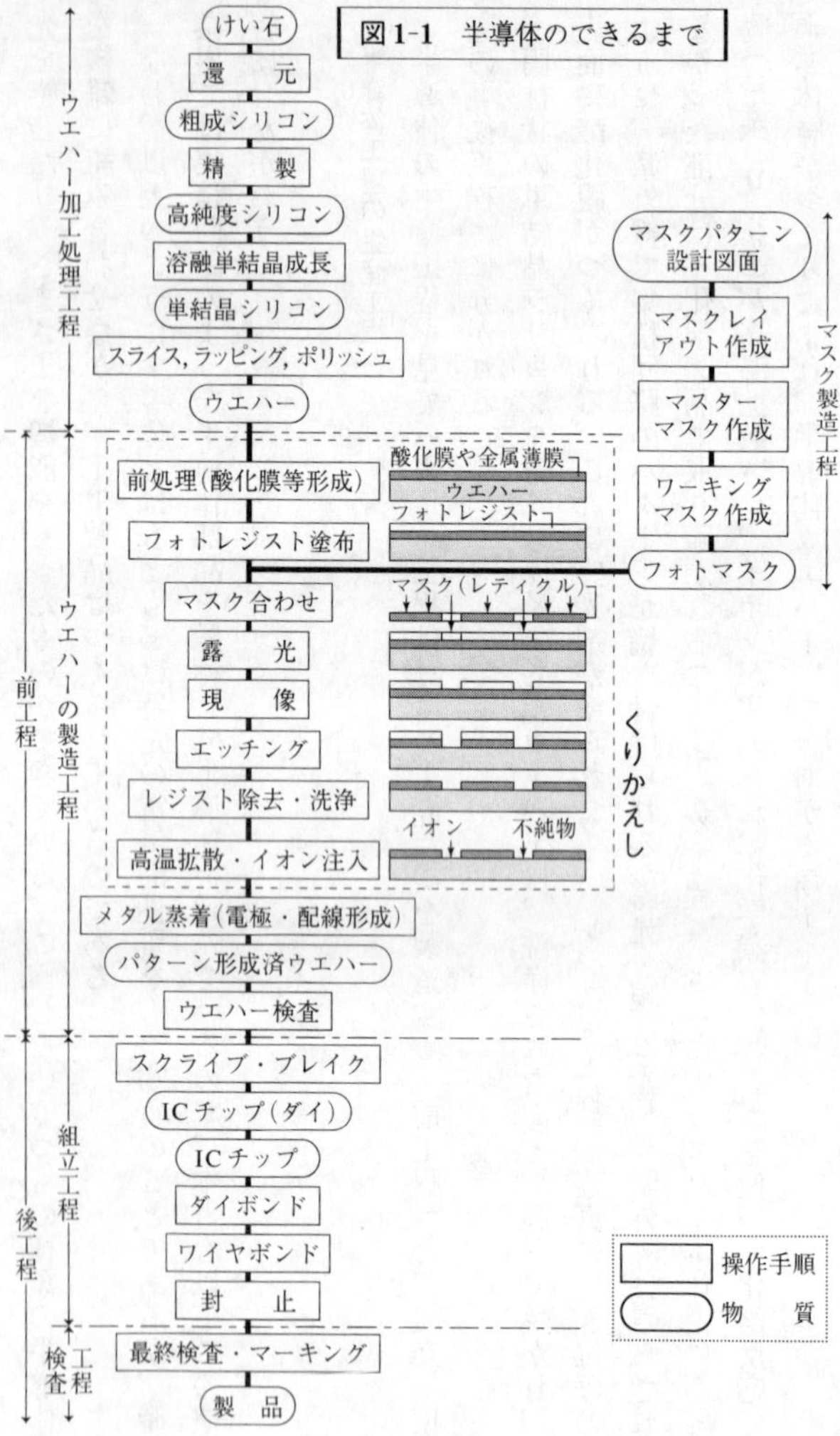

以上が半導体の前工程だが、化学工場に近いことがおわかりいただけるであろう。

半導体製造と環境問題

半導体製造には、有毒ガスをふくむ多種多様な化学物質が使用されている。フォトレジスト工程で用いられる感光性が高い化学物質は生物体に影響しやすい。また電子回路を多層にわたって集積させるためにエッチング工程やイオン注入工程がくりかえされるが、そこでも、生物体に化学的反応を起こしやすい強いラジカル(遊離基)が生じる。したがって、これらの工程で使用される化学物質の毒性と安全管理が問題となる。

また、半導体製造過程で、チリやごみが製品に付着すると半導体の性能が損なわれるので、何度も洗浄がくりかえされ、そのために超純水や各種有機溶剤やフロンが使われてきた。こうした半導体の洗浄関係による水の消費や有機溶剤、フロンが、土壌・地下水汚染やオゾン層破壊、温室効果ガスなどの環境問題を引き起こしてきた。

さらに厳しい技術開発競争の結果、新しい化学物質の安全性が十分に確認されるまえに、実験室段階の物質がそのまま生産工程に使われるという問題も起きてくる。

こうした半導体の製造で引き起こされる環境問題を整理すると、大きく四つに分けることができるだろう。

①使用される化学物質の安全性の問題

②洗浄に使われる有機溶剤やフロンなどの問題

③水利用の問題

④半導体産業の廃棄物の問題

以下、順に検討しよう。なお、①に関連した半導体工場の労働安全衛生問題については、次節で詳しく検討する。

有毒ガス

第一の問題は有毒ガスと有毒化学物質の使用である。

半導体チップは、チリのないクリーンルームでつくられるので、「クリーン」なイメージを与える。だが、チリを取り除くフィルターはガス状の化学物質は除去できないので、人間にとってほんとうに「クリーン」かどうかは別の問題である。

半導体製造の各工程で使用されるガスはさまざまな危険性・有毒性をもち、表1－1にあるように七つに分類できる。ここで詳しくは立ち入らないが、大気汚染防止法で特定物質として

表1-1　使用ガスの危険性による分類

可燃性	ゲルマン, アルシン, ホスフィン, シラン, ジボラン, 二塩化シラン
爆発性	水素, エチレン, アセチレン, プロパン, 硫化水素, 一酸化炭素
支燃性	酸素, 空気, 亜酸化窒素
窒息性	アルゴン, 窒素, 二酸化炭素
毒　性	アルシン, ジボラン, ホスフィン, シラン, 三フッ化ホウ素, アンモニア, 一酸化炭素, 硫化水素, 塩素, 塩酸, 三塩化ホウ素, 三塩化リン, 四塩化ケイ素
腐食性	アンモニア, 塩酸, 塩素, 硫化水素, 三フッ化ホウ素, 三塩化リン, 五塩化リン, 塩化第二スズ, 四塩化ケイ素
悪　臭	亜酸化窒素, 硫化水素, 塩素, アンモニア, 塩酸, 三フッ化ホウ素

(『半導体ガス安全化総覧』サイエンスフォーラム, 1984年版より)

規制されているのは二八物質にすぎない。それに対して、実際に急性毒性があり、事故例があったものは約四〇物質にのぼる。そのため、業界では三九物質を特殊材料ガスとして「災害防止自主基準」を定めている。

この特殊材料ガスは、つぎのような特徴をもつ。第一に、主に閉鎖環境であるクリーンルーム内の作業工程で使用される。第二に、使用量は多くないが、強い化学活性のために急性毒性、発火・爆発性があるものが少なくない。第三に、技術の進歩につれて高濃度で使用されるようになる。第四に、材料の新規開発期間が短く、次々と新しい化学物質が現場に導入される。つまり、少量でも毒性や爆発性をもつ新しい化学物質が、次から次へと閉じたクリーンルームに導入されて使用されているということなのだ。

また、クリーンルーム内で、いったんガス漏れが起きると、ガスが室内で循環する可能性がある。半導体製造関係での災害事故といえば、爆発や火災、酸素欠乏による窒息事故などであるが、原因はこれらの有毒ガスであることが多い。

規制物質を増やすと同時に、取り扱う化学物質と生産工程そのものをより安全にすること、ガス検知など保安装置を活用し、安全教育を徹底することが必要である。

有害化学物質

有毒物質のヒ素は、半導体の特性を出すために少量の添加物として使用されている。さらに最近ではガリウムヒ素化合物がシリコンにかわる新しい半導体基板材料として量産化され、携帯電話などに多く使用されている(年産約六〇トン)。この物質は演算速度を速め、かつ発光・受光機能があるなど、すぐれた特性をもつ。しかし、ヒ素が使われているため、生産工程や廃棄物になった場合の管理に十分な注意が必要である。

半導体製造に使う有毒物質を削減するとりくみもなされている。たとえば、T社では、半導体の表面保護膜に使用していた化学物質のポリイミド(耐熱性の樹脂)のエッチング液に、発ガン性物質のヒドラジン(アンモニアに似た臭いの液体)が含まれていることが判明した。そこで、同社では一九九六年度中にヒドラジン全廃を目標として代替化に着手し、エッチングにヒドラジンを使わないポリイミドの開発として「感光性ポリイミド」を完成させた。これにより、目標であった発ガン性物質が削減されたばかりでなく、一一あった工程も、五工程に削減され、省エネルギーも達成された。

有機溶剤

半導体の製造で引き起こされる環境問題の第二は、洗浄に使われている有機溶剤とフロンの問題である。

有機溶剤は、ドライクリーニングや金属製品などの洗浄にこれまで広く使用されてきたが、半導体製造でも部品の洗浄に利用され、各地で土壌・地下水汚染などの環境問題を引き起こしている。どんな物質なのかを見てみよう。

①トリクロロエチレン

トリクロロエチレンは、発ガンの可能性をもつ。また、急性毒性のほか、許容濃度以下であっても、さまざまな健康被害を起こすという調査結果が出ている。

アメリカのボストン郊外のウォバーンで、トリクロロエチレン等の有機溶剤で汚染された井戸水を飲んだ子どもたちに小児白血病が多発し、井戸水の利用と小児白血病発生率との間に、関連性があることが認められた。

日本では有機溶剤による大気汚染の規制は行われていなかったが、一九九七年四月から有害大気汚染物質として規制されるようになった。トリクロロエチレン等の有機塩素系溶剤が大気を汚染し、人の肺への取り込み量は飲料水の許容レベルを超えているともいわれている。

現在、大手半導体メーカーでは有機溶剤の使用を中止したところが多くなっている。だが、その代替物質である一、一、一‐トリクロロエタンが温室効果ガスとして規制されたため、半導体メーカーの下請け会社ではトリクロロエチレンをふたたび使用している場合が少なくない。二〇〇〇年における日本の生産量は約八万トンで、有機溶剤のなかでは第一位である。

②テトラクロロエチレン

クリーニング店の前を通ると独特の臭いがする。これがテトラクロロエチレンである。ドライクリーニング用に多く使用されるほか、一部半導体製造にも使われている。だが、トリクロロエチレンよりも毒性が強く、厳しい規制を受けているために、生産量・消費量ともに減少している。二〇〇〇年の日本の生産量は約三万トン弱であった。

③ 一、一、一－トリクロロエタン

この物質は、前の二つよりも毒性が低いと考えられてきた。そのために規制値も緩く、通産省(現経済産業省)に製造量・輸入量の報告義務がある「第二種特定化学物質」に指定されないできた。だが、シリコンバレーの代表的な「ハイテク汚染」のフェアチャイルド事件で問題となったのは、この物質なのだ。

生殖毒性や発ガン性など疫学上の調査研究も続けられている。にもかかわらず、トリクロロエチレンとテトラクロロエチレンの規制の強化と、特定フロンの使用・生産規制のために、一、一、一－トリクロロエタンへの転換が進み、生産と消費は一九九〇年にはピークに達してしまった。

その一方で、この物質はオゾン層破壊と強い温室効果をもつため、一九九〇年六月に改定されたモントリオール議定書で二〇〇五年の全廃が目標とされ、さらに一九九二年の改定では一九九五年末の全廃が決まった。現実には代替が不可能な製品(エッセンシャル・ユース)として、あるいは韓国、中国、台湾などへの輸出用(二〇〇〇年に一万七〇〇〇トン)として生産が続けられて、二〇〇〇年における日本の生産量は四万五〇〇〇トンもあった。

④塩化メチレン（ジクロロメタン）

一、一、一ートリクロロエタンが規制されるなかで、かわって使用が急増しているのが塩化メチレンである。二〇〇〇年の日本の生産量は、約八万トン弱で、有機溶剤のなかではトリクロロエチレンとほぼ同量である。この物質にしても、その麻酔作用や、長期間蒸気曝露実験でマウスへの発ガンがみとめられているなど、安全性に問題がある。

有機溶剤使用の歴史をふりかえると、安全性に問題のない有機溶剤はないということがわかる。しかし、いまだに抜本的な規制は進んでいない。基本的には有機溶剤を使用しない生産工程を開発するしか取るべき道はない。

フロン

もともと日本では、洗浄剤として前述のような有機溶剤が多く使われてきたところへ、その有害性が問題となり、その代替品としてフロンが半導体用に使用されるという経過をたどった。

フロンとは、炭素と塩素およびフッ素が結びついた化合物である。一般に人体に無害・不燃で、金属を腐食させず、油脂類を溶かす。この性質を用いて、洗浄剤・冷媒・発泡剤に広く使われてきた。とくにフロン一一三が、半導体用に使われてきた。

モントリオール議定書で全廃が決められた一九九五年を過ぎても、日本では年間一八〇〇トンも使用していた。よく知られているように、フロンはオゾン層を破壊させ、紫外線増加により皮膚ガンを発生させ生態系を破壊すると同時に地球温暖化をもたらす。

フロンはいま使用をやめたとしても百年の寿命を持つといわれる。対策としてはフロンの回収と破壊、代替フロンの開発が進められている。大手半導体メーカーではフロン回収装置がほとんど導入されているが、基本的には無用な洗浄をやめる方向がとられたり、別の洗浄方法が検討されている。このほか、第二世代の代替フロンとして開発されたＨＣＦＣは温室効果があるため、一九九二年の議定書の改訂で、二〇二〇年以降原則廃止となった。

こうした脱フロンへのとりくみのなかで、半導体関係ではフロン使用量の三分の二が削減できるようになり、残りの部分についても、アルコール、界面活性剤、超音波洗浄などが検討されている。また、半導体の加工、洗浄に過フッ化炭化水素類(ＰＦＣ、年間出荷量約一〇〇〇トン)が使われるようになったが、これもまた二酸化炭素の約一万倍の温室効果があり、排出削減へのとりくみが課題となっている。

根本的には生産工程を変えて、洗浄剤を使用しなくても製品ができる洗浄不要化をめざすべきである。「必要は発明の母」なのである。温室効果ガス削減に熱心なオランダは、ネイメーヘンにあるオランダ最大のフィリップス半導体工場で、PFCなどの削減計画を立てている。

半導体工場の水利用

第三の環境問題は、大量の水利用である。

半導体製造には、空調・拡散炉の冷却・ウエハーの洗浄などに大量の水を使用する。

通産省『工業統計表・用地用水編』(一九九八年度)にしたがえば、集積回路製造業は、一事業所当たり日量約八八五〇立方メートルを使用している。その用途は、冷却・温度調節用水が過半を占めている。ハイテクIT産業は一般の加工組立産業とくらべ、水多消費型なのだ。

ハイテクIT産業が原因で水不足の問題を引き起こすということも十分にありうる話である。たとえば、台湾の新竹《シンチュウ》科学工業園区の水使用量はこの一〇年間で約一〇倍となり、日量約九万五〇〇〇トンを使用し、新竹市からの水供給が限界にきている。

日本の場合を見ると、地域住民との関係や環境規制が厳しくなるなかで、大量の取水がだんだんと困難となっている。その結果、たとえば日本テキサス・インスツルメンツ美浦《みほ》工場(茨城県)や日本ファンドリー(旧NMBセミコンダクター)館山工場(千葉県)のように、公害防止協定によって排水循環利用システムをとるところも出ている。

半導体関連の産業廃棄物

第四に、半導体関連の産業廃棄物の問題である。

すでに見たように、半導体産業では数百種類以上の化学物質・ガスを使用しており、その産業廃棄物は主に汚泥、廃油(廃有機溶剤)、廃アルカリ、廃酸、廃プラスチックに分類される。これらのなかで半導体産業の特質からとくに注目されるのは、廃有機溶剤である。

日本の半導体製造業からの産業廃棄物は、廃有機溶剤などの年間社外総排出量が二五万トンを超える。再資源化率は一九九二年には一八%だったが、一九九八年度には約六〇%に改善されている。だが各社ごとの格差が大きく、また廃アルカリなどの再資源化率は三〇%に満たない状況だ。

それらの主な廃棄物とは別に、ヒ素等を含んだ廃液の処理も必要である。以前はこの廃液は、重金属を取り除いた後、海洋投棄されていた。ところが、ロンドン海洋投棄条約改正の結果、一九九六年から産業廃棄物の海洋投棄が原則禁止され、処理廃液も投棄できなくなった。そこで、焼却処理がされるようになったが、大量の塩が発生し、焼却炉を傷めている。別の種類の廃棄物問題も生じている。最近のドイツの研究では、プラズマ(電子と正イオンが乱雑に飛び回る電離状態)反応炉からの廃棄物に質的変化が起こり、突然変異を誘発する変異原性が生じると指摘されている。反応生成物に強い有毒性があること、しかも原材料とは毒性の種類が大きく異なり、遺伝子毒性、生殖毒性があることが示されている。

半導体関係の古くなった装置の処理についても、困難なことがある。技術の進歩が速く、また製造企業の秘密主義のために、処理をまかされた業者は、装置に付着した化学物質の種類がわからず、対応に苦労しているのだ。

半導体産業からの廃棄物問題は、この間、廃棄物の再資源化が進んだ半面、技術進歩とともに従来とは異なる廃棄上の困難も生じている。

3 半導体工場で働く人々の安全性

ITは人間生活を豊かにする可能性を持つ手段である。だが、ITの生産や廃棄物が、人間生活を脅かすようになっては、本末転倒である。

さきに述べたように、半導体産業で使用される各種の化学物質は、環境問題とともにそこに働く人々にさまざまな安全衛生上の問題をもたらす。そこで、これまでに世界の半導体産業が経験してきた安全衛生上の問題の実態を、これまでの研究成果に基づきながら、ここで紹介しておきたい。

化学物質による高い病気休業率

アメリカでは、各産業ごとに労働災害統計が整備されている。それによれば、半導体産業ではケガは少ないが、病気は多い。さらに統計を詳しく見ると、すべての報告されたケガと病気に対する職業病(休業を要するもの)の比率は、半導体産業で約九〜一三%で、全製造業の約二倍である(表1-2)。これは、仕事を休まなければならないほどの職業病である割合が高く、よ

表1-2 ケガ・病気の全報告数に対する職業病(休業を要するもの)の比率

	1995	1996	1997	1998
全製造業	6.2	5.9	6.1	5.9
エレクトロニクス部品	9.7	9.0	8.4	7.5
半導体	12.8	12.2	12.3	9.2

(Bureau of Labor Statistics, U. S. Department of Labor, 2000より)

表1-3 腐食性・有毒・アレルギー物質への被曝によるケガ・病気(休業を要するもの)の比率

	1995	1996	1997	1998
全製造業	2.6	2.6	2.6	2.5
エレクトロニクス部品	7.2	9.2	5.1	7.3
半導体	9.3	14.8	8.4	8.6

(同上)

り深刻な事態になっていることを意味する。

とくに注目されるのは、腐食性・有毒・アレルギー物質への被曝に関連して、職場を休まなければならないケガ・病気の比率は八〜一五％で、全製造業の三〜六倍となり、化学物質への被曝による重篤な病気休業が多いことを示唆している(表1-3)。

半導体工場で高まる流産率

一九八〇年代末にコンピュータ製造業者DEC社(ディジタル・イクイップメント社)で働く女性の流産率が二倍にものぼるという研究結果が、マサチューセッツ大学の研究グループによって発表された。この報告は、産業界に深い衝撃を与えた。なぜなら、ハイテク産業はクリーンであるというイメージに傷が付きかねないからだ。

これがきっかけになって、SIA(半導体工業会)の資金援助のもと、健康影響についての独自の研究が行われた。一四工場、一万五〇〇〇人を対象にした研究結果が公表されたのは、それから四年後の九二年末のことである。

この研究で対象となった半導体ウエハー製造工場での労働は、流産率の増加と関連がある。この工場労働者の間では、一般の流産率よりも約二〇％から四〇％もの高い割合で流産が起き

表1-4　半導体ファブリケーション部門の自然流産率と相対リスク

		ファブリケーション部門		非ファブリケーション部門		補正後の相対リスク
		妊娠数/自然流産数	率(%)	妊娠数/自然流産数	率(%)	
*歴史的研究	DEC(1987)	34/12	35.3	398/71	17.8	1.98
	SIA (1992)	447/62	14.1	444/46	10.4	1.43
	IBM(1992)	556/93	16.7	589/84	15.1	1.40
**個別的研究	SIA (1992)	19/12	63.2	33/15	45.5	1.25
	IBM(1992)	44/25	57.0	48/21	44.0	1.30

*過去と現在の労働者グループ対象　**現在の労働者グループ対象(*Int. J. Occup. Env. Health*, 4. 16. 1998 より)

ている。もしこの工場以外の労働者の流産率が全妊娠の一〇%であるとすれば、ここの労働者の流産率は一二%から一四%という値になる。

なぜ、高い流産率になるのかについて、報告書では、溶剤などとして使われていた化学物質のグリコールエーテルが要因だと推定している。しかしながら、他の物質による被曝も考えられるので、他のフォトレジストや現像液の化学物質が流産を引き起こす可能性も排除できない。また、労働によるストレスもこの部門の女性の流産率が高くなる強力な要因であるとしている。

以上の結果は、IBM工場を対象とする別の研究結果(ジョーンズ・ホプキンス大学)とも一致している。そこでもやはり、ウエハー製造部門の女性労働者の流産率が最高で約四〇%高まること、グリコールエーテルが原因化学物質として推定されることを結論としている。

これらの研究に対しては、尿の化学的分析をしていないなどの批判もある。なお、SIAの調査では調べられていないが、グリコールエーテルは男子の精巣にも作用して、精子の形成障害を起こす可能性があることを付け加えておく。

こうした生殖障害に加えて、序章で見たような半導体工場で働く人々の発ガン問題が指摘されるようになるなかで、ガン発生率についての調査研究が、連邦環境保護庁を中心に企画された。だが、半導体業界から「自分自身に銃を向けるようなものだ」という強い反発があり、協力を得られないためにいまもって実現されていない。

一方、SIA自身が科学諮問委員会を設け、既存研究の検討を開始しようとしている。それらの研究のなかには、半導体産業に使われる金属、ガリウム、ヒ素、インジウム、セレン、ゲルマニウム、アンチモンが、発ガン過程に関係する細胞防御機能を損なう可能性があると指摘しているものもある。こうした研究が今後一層進められることが期待されているが、現段階では、半導体工場と発ガンとの関係は明らかにされていない。

フロン代替物質による被害

オゾン層破壊物質の代替品として最近普及したのが、第二世代の代替フロンHCFCやブロモプロパン(臭化プロパン)である。これらは半導体生産の洗浄用に使われているが、労働者の肝障害や生殖障害という新たな問題を生じさせている。ブロモプロパンから見てみよう。

一九九五年七月、韓国の電子部品工場のスイッチ組立工程で働く労働者のなかに、貧血、無月経、精子欠乏症を示す者が二〇名近く発見された。同工程では、一九九四年二月から二-ブロモプロパン(2-BP)を主成分とする溶剤を、フロン一一三にかえて使用していた。2-BPは日本からの輸入品である。当時、2-BPの生殖毒性、骨髄毒性は知られていなかった。そこで、名古屋大学医学部の衛生学教室などの研究によって、以下の点が明らかにされた。

ラットに吸入させた実験の結果、2-BPがオスの精巣と骨髄に対して特異な毒性をもち、メスの月経を延長、停止させ、卵巣内の卵原細胞に障害をもたらす。それに加えて末梢神経毒性もあることがわかった。これを受けて、日本の労働省(当時)は、一九九五年一二月に2-BPについての警告を出している。

また、同教室では中国の2-BP製造工場で働く二五人の労働者の健康調査を行ったところ、一〇ppm前後の被曝によって造血系に影響する疑いがあった。

2-BPの毒性が明らかになった後、それに代わって2-BPの異性体一-ブロモプロパン(1-BP)がフロン代替溶剤として浮かび上がってきた。だがこれはさらに2-BPよりも強い神経毒性をもち、精子を形成し放出させるうえでの障害をもたらすことが最近では明らかになっている。すでに一九九九年にアメリカで1-BPに曝露された労働者の神経障害の症例が報告されている。

もう一つのオゾン層破壊物質代替品であるHCFC一二三は、人への健康リスクが比較的低いと考えられてきた。しかし、一九九七年と九八年に、高濃度HCFC一二三の被曝による急性肝機能障害が報告されている。冷房機配管からの漏れと冷却装置製造での被曝が原因らしい。以上の物質は、オゾン層を破壊する効果は少なく、フロンの代替物質として使用されてきた。その後、生殖障害、肝障害などが確認されたにもかかわらず、1-BPとHCFC一二三の許容濃度はいまも定められていない(2-BPは日本産業衛生学会で一九九九年に一ppmと決定された)。

スコットランドの集団訴訟

アジア地域がIT生産を急速に拡大しつつある一方、ヨーロッパも独自の位置を確保している。そのヨーロッパのパソコン・エレクトロニクスの一大生産拠点は、イギリスのスコットランドである。ヨーロッパのパソコンの約三〇%、ワークステーション(高性能小型コンピュータ)の約八〇%を生産しているのだ。スコットランドでは、アメリカとほぼ同時に半導体産業が立地したが、労働安全をめぐってもやはり同じように集団訴訟が起こされている。そのため、半導体産業の労働安全に関する調査も進められている。

ナショナル・セミコンダクター・グリーノック工場

スコットランドのナショナル・セミコンダクター・グリーノック工場は一九七〇年に生産を開始し、いまは約六〇〇人ほどの規模だが、最も多い時には二〇〇〇人が働いていた。アメリカ・シリコンバレーにある本社の一〇〇%出資の子会社で、最高幹部はアメリカ人、中間管理職はスコットランド人、生産ラインにはウエハー生産・検査・組み立てなどに女性が働いている。

その工場に対して、ガン・先天異常・習慣性流産などの補償を求める約五〇人の集団訴訟が、一九九八年に起こされている(裁判そのものは、シリコンバレーのナショナル・セミコンダクターの労働者の訴えも含んで、サンノゼで提訴された)。グリーノック工場は、アメリカからの中古の装置を使っていて、たびたびガス漏れ事故が起きていた。

長年勤めた比較的高齢の労働者が多く、訴訟には男性の労働者も含まれている。姉妹ともに勤めていて、ガンになったケースもある。同じような障害をもつ労働者のグループがモトローラ社のイースト・キルブライド工場（グラスゴーの南）でも組織されている。

グラスゴーの労災運動グループ・半導体工場の元労働者たち

一九九三年のSIA（半導体工業会）の研究を受けて、イギリス政府健康安全委員会でも、全英六つの半導体工場に働く労働者の流産率の調査を行った。その結果を一九九八年に発表し、統計的に関連性はないと結論づけた。

しかし、この調査に対しては、調査対象人数が少ないことや、半導体工場のウエハー製造部門とそれ以外の部門で働いていた労働者の区別がされていない点などが厳しく批判されている。

その後さらに、同委員会は、グリーノック工場を対象に発ガンにしぼった調査を計画しているが、これについても調査範囲が狭すぎる点や健康障害がガンのみに限定されている点が批判されている。もともとグラスゴー周辺は、過去に造船業が使ってきたアスベスト(石綿)のために、肺ガンを中心にガンの発生率の高い地域である。発ガンの疫学調査を行う場合には特別の注意が必要なところである。

日本で相次ぐ火災・事故

それでは、日本の半導体産業の労働安全衛生はどうなっているだろうか。

日本では、ハイテク産業はクリーンであるというイメージが根強く、さらに個別産業ごとの産業衛生の疫学的研究は行われにくいという事情があるため、いまのところ健康被害についての包括的な調査はなされていない。ウエハー製造工程で働く女性労働者が少ないことも、その背景にある。アメリカやイギリス、台湾でも調査が行われているにもかかわらず、日本において本格的な調査がなされていないことは、ハイテクIT工場の労働安全管理と比較研究のうえでも大きな課題を残すものとなっている。

しかし、実際に火災や事故が発生し続けているため、事故についての調査はなされている。日本半導体製造装置協会は、工場における事故の実態調査アンケートを行い(一六一社対象)、一九九〇年以降の一六八の事例を分析している。この分析によると、作業ミス、部品劣化、設計ミスが主原因である。

作業ミスを減らすためには、教育訓練の徹底と、同じような装置で発生したヒヤリ・ハット事故(もう少しで事故になる)事例の検討周知が重要なのはいうまでもない。部品劣化は管理不足と関係が深く、定期メンテナンスが不可欠である。装置の設計では、「絶対に漏らさない、万一漏れても装置から外へ出さない」という原則が必要である。

本章でみてきたように、高度微細加工のために半導体産業に使用される化学物質は安全性に問題が多く、これによってさまざまな労働安全衛生問題や爆発火災などを引き起こしている。そして半導体をより「クリーン」にするための洗浄に使う有機溶剤やフロンは、土壌・地下水汚染と地球温暖化をもたらしてきた。さらに大量の水利用の問題や半導体産業の廃棄物問題も深刻である。

そこで次章では、ハイテクIT産業によるこうした環境問題が、ハイテクIT産業が急速に拡大しつつあるアジアでどのように展開しているかを検証しよう。

第2章

アジアに広がる IT 汚染

台湾新竹科学工業園区の近くを流れる河川

1　IT生産拠点としてのアジア

急成長のIT産業

現在、パソコン、携帯電話、情報家電の爆発的な普及にともない、半導体需要の勢いは衰えていない。二〇〇〇年代に入って、需要先は、パソコン以外の情報家電(カーナビ、デジカメ、ゲーム、携帯端末、DVD、デジタルテレビ、ビデオ)に移行している。それらの生産も、アジア地域が今後ますます世界の中心となる方向にある。

具体的に数字で見てみよう。一九九三年には世界の一八%しかなかった日本とアメリカ以外のアジア太平洋地域の半導体市場は、一九九八年には日本を追い抜き二〇〇〇年には日本の二二%(四六九億ドル)に対して、二五%(五三三億ドル)を占めた(図2-1)。日本を除くアジア域内の各国別の半導体市場規模を見ると、第一位が香港を含む中国で一三一億ドル、第二位が台湾で約一二二億ドル、第三位がシンガポールで一〇七億ドル、第四位が韓国の九七億ドルである。

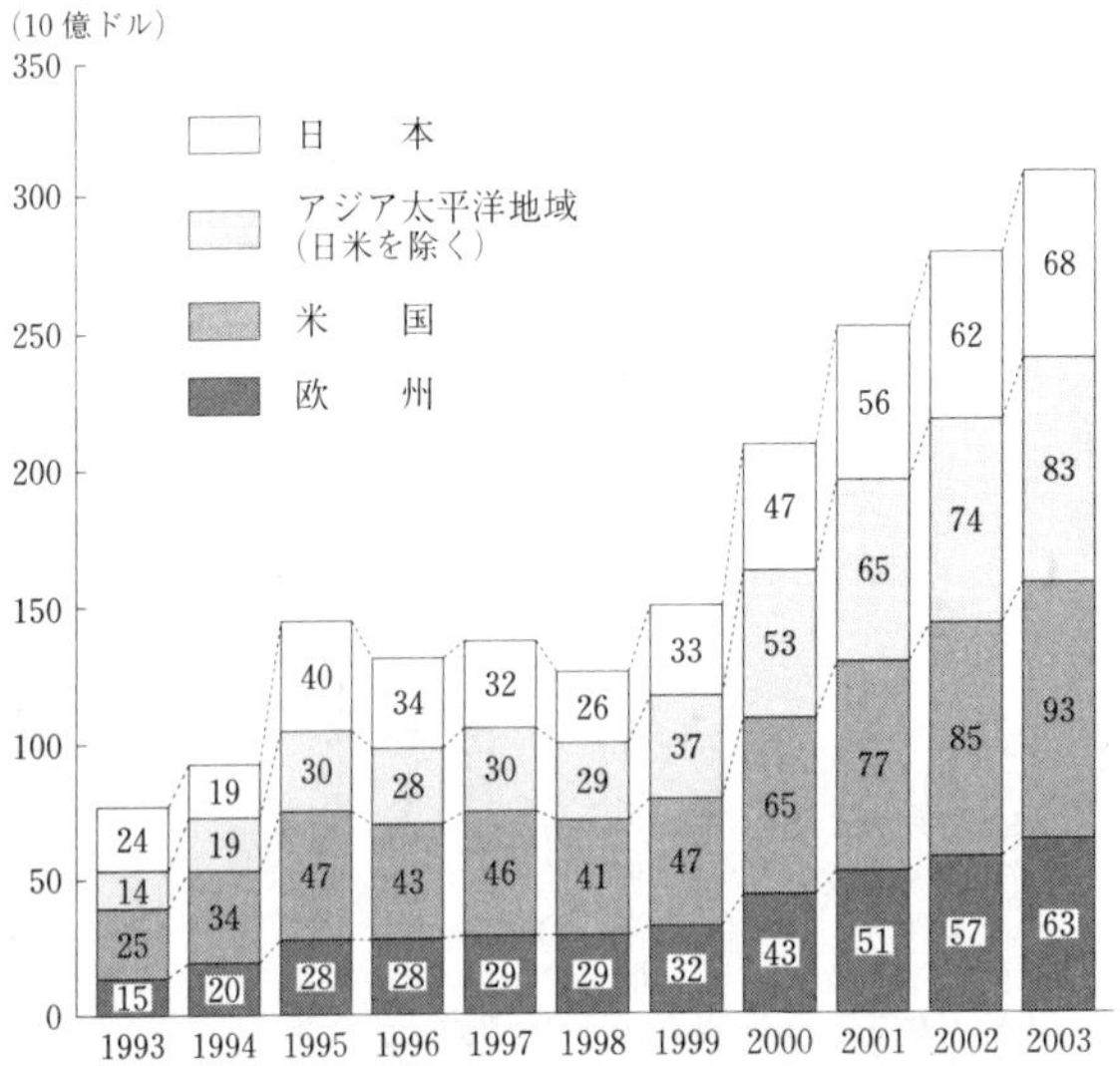

2000年以後は予測(『電子工業年鑑』2001年版より)

図2-1　世界の地域別半導体市場規模

地域別での半導体市場の成長は、アジア太平洋地域が最も速く、今後二～三年内にアメリカ市場に迫るほどである。九〇年代に入って急速に拡大してきた台湾、韓国、マレーシア、シンガポール、タイなどのハイテクIT産業は、一九九七年の通貨危機をきっかけにした通貨の下落によって競争力を増した輸出部門が成長の原動力となっている。韓国のDRAM（記憶保持動作が必要な随時書き込み読み出しメモリー）輸出や、あとで説明する台湾の受託生産が活発化して、日本や欧米のIT機器メーカーのアジアでの生産が進んだ。

さらに、アジア域内でも台湾や韓国などから後発アセアン諸国や中国大陸への生産移転など、分業が展開している。

半導体生産の類型

そこで、半導体生産の分業関係を見ておこう。

半導体メーカーは、まずＩＢＭなど自社内の電子機器用に半導体を生産する「キャプティブメーカー」と、インテル社のように外販を主目的とする「マーチャントメーカー」に分けられる。日本の総合エレクトロニクスメーカーのように、キャプティブメーカーでありながら、外販も行っているところもある。こうした販売形態による区別のほかに、つぎのような業態の種類がある(『ＩＣガイドブック』二〇〇〇年版、日本電子機械工業会、二九〜三〇頁による)。

①一貫生産販売メーカー　半導体の開発・設計・製造から販売まですべてを行う企業であって、日本の半導体メーカーの多くはこの事業形態をとる。日本では総合エレクトロニクスメーカーとして電子機器の生産も行い、自社の製品に半導体を供給するとともに、他社にも半導体を販売している。

②ファブレスメーカー　自社に生産ラインをもたないで、製造を他社に委託し、自社ブランドの製品販売を行う企業である。アメリカと台湾に多い。

③半導体IPプロバイダー　チップの設計や仕様・規格の設定を行い、その機能回路ブロックを半導体IP(Intellectual Property、設計資産)として主に半導体メーカーにライセンスする企業。つまり、自社で生産は行わない。

④ファンドリーメーカー　製造(前工程)を専門に行う企業で、従来はファブレスメーカーを主な需要先としていたが、最近では一貫生産メーカーからの受託生産が増えている。台湾の大手半導体メーカーがこの形態をとる。

⑤サブコン、テストハウス　製造の後工程(組み立て)だけを請け負う「サブコン」(サブコントラクト)と呼ばれる企業と、「テストハウス」と呼ばれるテスト工程だけを事業とする企業がある。

半導体生産の分業化が進むなかで、アジアにおける生産形態としては、アメリカや日本の一貫生産販売メーカーの製造部門が立地し、韓国のように半導体でもDRAM生産に特化したり、台湾のようにファンドリーメーカーが展開したりしている。IT生産のグローバル化が進むにつれて、たとえば、ある半導体部品がシリコンバレーで設計され、台湾で生産(前工程)され、シンガポールで組み立てられ(後工程)、プエルトリコで販売されるというような事態も進行していると考えられるのだ。

いまや世界貿易に占めるIT関係の製品(パソコン、事務機器、通信機部品、半導体電子部品)は、輸出・輸入ともに毎年一〇~二〇%増になり、アジアにおける貿易も、IT関連財が牽引力になって、日本への輸出入も急増している。だが、こうしたIT産業の域内相互依存は、脆弱性も抱えている。IT製品のアメリカ市場依存度が依然として高いために、対米輸出が減少した場合、逆にその影響がアジア域内で素早く連鎖的に波及しやすい構造を生み出しているからである。

日本の半導体低迷

半導体の生産は、アメリカではインテル社などを中心に、付加価値の高いCPU(中央演算処理装置。メモリーは一個数百円に対して、これは安くても一個一万円程度する)に特化することで優位な位置を保っているし、台湾や韓国なども低価格でシェアを拡大させている。そのなかで、日本の半導体は長期低迷にある。日本は、世界市場での比率を三〇%以下に低下させ続けているのである。

日本の低迷はなぜだろうか。この問題は本書のテーマではないが、少しだけ考えておこう。結論だけ述べると、次の四点に整理できそうである。

第一は、超微細化や量子レベルなどの、半導体技術の物理的原理的変革についての基礎研究が遅れたことである。

第二に、半導体開発の国家的プロジェクトは、政府の支援のもと産業界が結集してつくった超ＬＳＩ技術研究組合が一九八〇年に終結したあと、「一五年の空白」があったこと。

第三に、半導体の研究開発をめぐる産官学の連携と役割分担が明確でなく、十分に機能してこなかったこと。

そして第四に、半導体製造業が総合電機メーカーの一部として存在して、強力な半導体専業メーカーが存在せず、独自の戦略的目標や投資が行われにくかったことである。

これに対して、アメリカは、一九八五年の競争力強化をめざしたヤング・レポートを契機に、科学と技術、産業の関係の見直しと改善につとめた結果、現在では科学的原理の把握と発見は主として大学で、その原理的変革に対応した装置の研究開発はセマテック（ＳＥＭＡＴＥＣＨ）などの共同企業体で、その装置の更新はベンチャー企業が担うというように役割分担が機能している。これが、九〇年代後半にアメリカ経済が復活した条件の一つといわれている。

アメリカをはじめ、ヨーロッパでも、またアジア各国でも、程度の差はあるが、半導体産業の発展に際しては、国家プロジェクトと大学・産業との連携、ベンチャーの育成が行われた。アジア地域における半導体産業を見ると、①韓国のような財閥などの大資本による投資タイプ、②台湾のような中小企業の集積タイプ、③マレーシア、シンガポールのような多国籍企業の展開タイプなど、発展の形態は異なるが、いずれも、その背後には政府による支援がある。

ようするに、日本は過去の成功体験に安住し、この面での認識とりくみが遅れたのである。国家の戦略的位置づけ、大学や研究機関における原理的基礎研究、共同企業体での原理的変革に対応した装置の研究開発、ベンチャー企業を含めた企業側での装置の更新開発、これらの総合的とりくみなくして、日本は低迷から脱することができないのである。

「世界の工場」となる中国

半導体前工程工場の新増設計画を見ると、日本では二〇〇〇年だけでも合計一兆四〇〇〇億円が投資された。だが、最新鋭の直径一二インチ(約三〇センチ)のウエハーの生産ラインとなると、台湾が二〇〇二年までに世界最大の二一本をもつことになる。もっとも、これはさき

表 2-1　半導体 12 インチラインの製造メーカー

メーカー	国	地　域	ウエハー月産処理能力
サムスン電子	韓国	華城	45000 枚
現代電子	韓国		
TSMC	台湾	新竹	
	台湾	台南	25000
UMC	台湾	台南	12000
トレセンティ（UMC・日立）	日本	ひたちなか	7000
プロモス	台湾	新竹	25000
		新竹	25000
	カナダ		25000
ナンヤ	台湾	林口	25000
パワーチップ	台湾	新竹	15000
ウインボンド・東芝	台湾	新竹	25000
マクロニクス	日本		
ヴァンガード	台湾	新竹	20000
SiS	台湾	新竹	
インテル	米国	オレゴン	4000
	米国	アリゾナ	
モトローラ	米国	ウエストクリーク	
TI	米国		
マイクロン	米国	ユタ	
NEC	日本	広島	20000
	米国	ローズビル	20000
富士通・AMD	日本	福島	20000
ST・フィリップス	フランス	クロレ	4000
インフィニオン・モトローラ	ドイツ	ドレスデン	2000

（『週刊ダイヤモンド』2000 年 7 月 8 日号より）

に述べたように、アメリカの景気減速で先延ばしになる可能性がある。

その台湾企業が中国に生産拠点を次々に設け、海外から新たな部品メーカーや組み立てメーカーを引き寄せている。江沢民主席の長男が台湾財界人の子息と事業を起こし、上海で半導体工場をつくるという計画を進めていることなどは、その象徴であろう。すでに台湾の電子機器企業四五〇〇社のうち三〇〇〇社がなんらかの形で大陸進出している。

中国は、デスクトップ型パソコンの生産では、日本・韓国を抜き、台湾に次ぎアジア第二位になり、携帯電話では、韓国・日本に次ぎアジア第三位となっている。二〇〇〇年には、パソコン関連製品生産では、中国が台湾を抜いて、アメリカ・日本に次いで第三位となった。今後五〜一〇年で、台湾の新竹科学工業園区の中国版が中国全土に広がる勢いである。

日本企業も先端部品を中国などの海外で生産するようになってきている。海外では二四時間三六五日稼働でき、人件費がたとえば日本の二〇分の一という具合に低く、設備投資費用も安いことなどから、生産コスト低減と「生産の急加速・急ブレーキ」を可能にする。しかし、これは同時に、職場の労働条件の悪化や安全環境対策の削減をともないかねないということになる。最近の「価格破壊」の裏側に、健康破壊と環境破壊が進行していないのだろうか、それがここで問われるべきである。

2　台湾――環境悪化に直面する新竹科学工業園区

IT受託生産

台湾はノートブック型パソコンの生産で、日本を抜いて世界一になろうとしている。その急成長ぶりは目覚しい。世界の上位一〇社に入るブランドのノート型パソコンは、いまやどれも台湾と大陸の台湾系企業で製造されているのだ。

台湾では、国の研究機関である工業技術研究院(ITRI)と電子工業研究所(ERSO)の技術者が企業を起こすというスピンアウト方式によって、半導体産業がスタートした。台湾で最初に一九八〇年に設立されたUMC(聯華電子)や次いで設立されたTSMC(台湾積体電路製造)がそれである。台湾政府は世界の半導体産業への後発参入の利点を生かして受託生産(ファンドリー)に集中させた。

前節で述べたように、ファンドリーとは、製造工場をもたないファブレス企業によって、前処理工程を委託される経営形態のことである。したがって、原則として製品の設計は行わない。台湾はファンドリーに特化することによって、半導体の巨額の研究開発費を費やさずにすんだ。

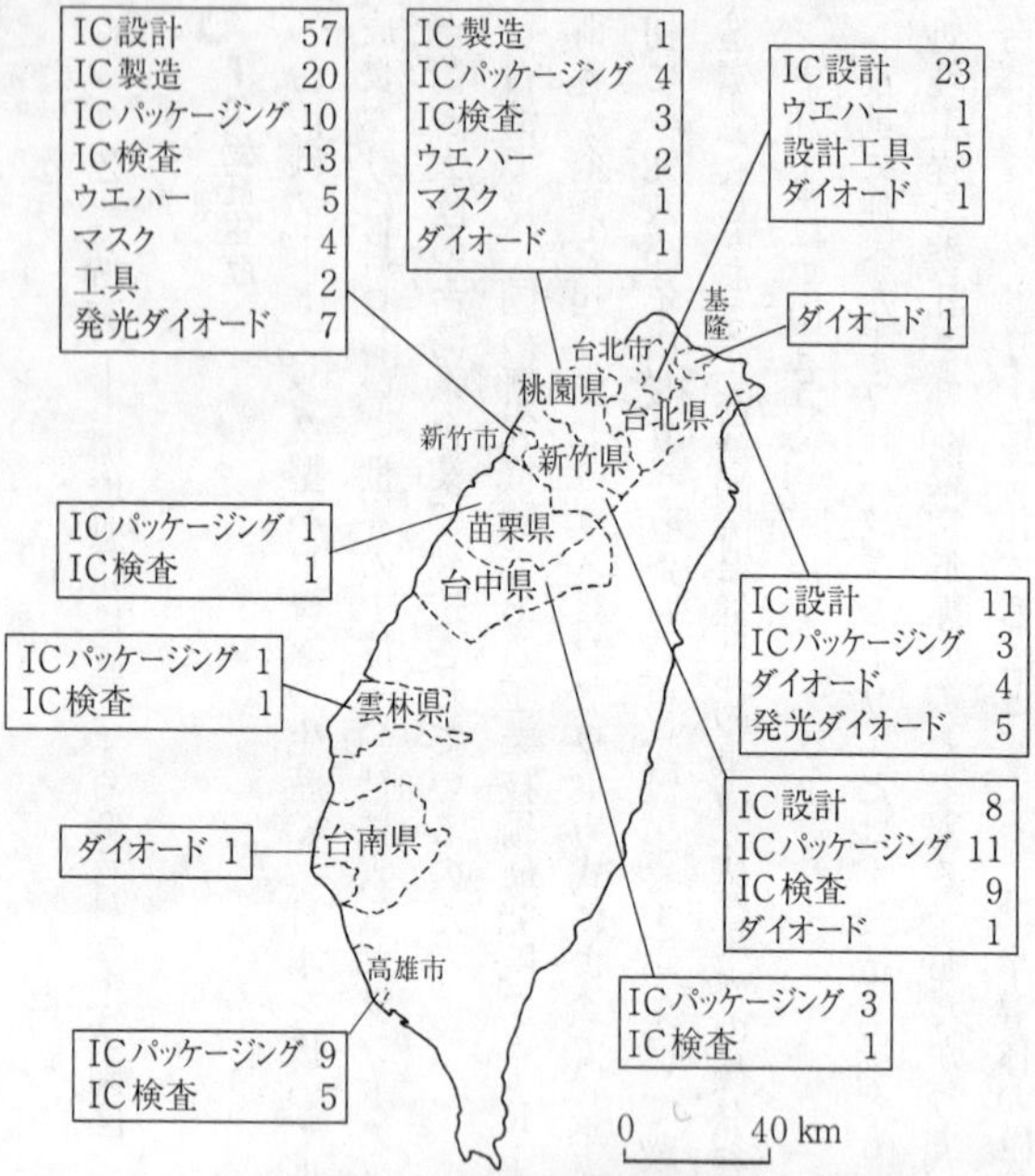

(『2000 半導体工業年鑑』工業技術研究院より)

図 2-2　台湾半導体地図

また、人件費が日本の四割、韓国の六割程度であるため、台湾の生産コストは全体として日本の六割、韓国の八割程度に抑えられている。

現在では、三万人近くの二〇歳代の女性労働者がウエハー製造ラインなどで働いている。

現在、台湾の半導体製造部門企業は全部で二一社で、それに対して、設計会社は一二七社あり、九七年から一年で三四社も設立された(図2-3)。台湾ファンド

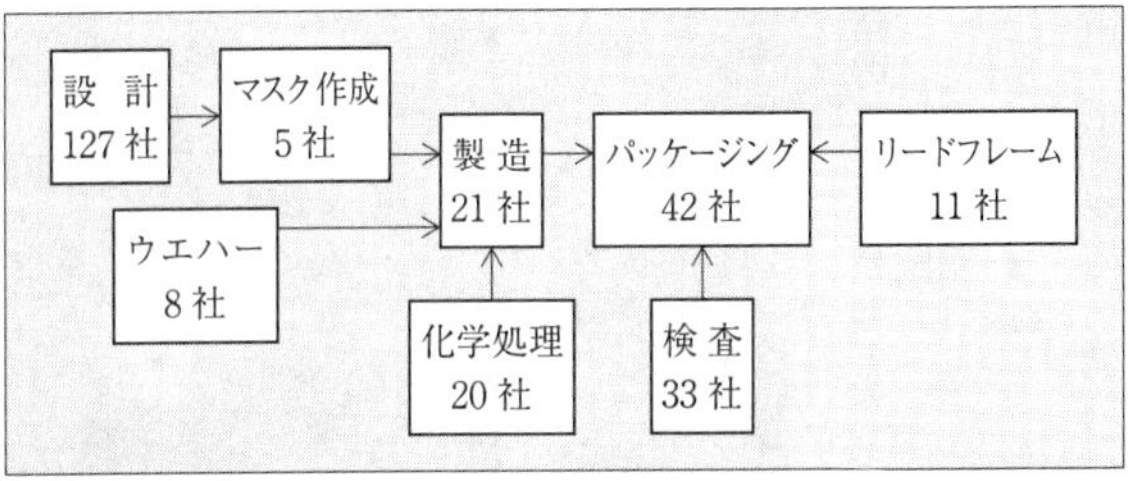

（『2000 半導体工業年鑑』より）

図 2-3　台湾半導体製造工程別企業数

リー産業が成功を遂げた要因は、政府の税優遇と技術支援政策のもとで、シリコンバレーなどから優秀な技術者を多数獲得でき、しかも豊富な資金力と関連中小企業の集積に恵まれたこと、などにある。

しかし、台湾ハイテクＩＴ産業の限界として、原材料の大部分を日本から輸入しているため、台湾が輸出をすればするほど日本からの輸入が増え、対日赤字を膨らませる原因となっていることがある。また生産額は大きいが、受託生産なので、生産が変動しやすいために収益率は低いという構造がある。さらに、急成長にともなう歪みや、短時間で低コスト追求からくる問題も発生している。

その限界と表裏をなしているのが、ここで見る半導体産業の引き起こす各種の環境安全問題である。

新竹科学工業園区

台北の国際空港から南下すると、半導体関連の工場が次から次へと目に入ってくる。あたかも高速道路自体が「生産ライン」になったような錯覚に陥るほどだ。その先にある新竹《シンチュウ》科学工業園区は、海岸から約一〇キロ奥に入った丘陵地帯にあり、台湾ハイテクIT産業の高度集積地となっている。

新竹科学工業園区内の TSMC 社(上)とUMC社(下)

この工業団地は、ハイテク企業のインキュベーター(孵化《ふか》器)として、台湾政府により一九八〇年に開設された。当初、敷地と建物をリースでメーカーに提供し、入居企業には減免税措置・低利融資・研究開発に対する奨励措置がとられた。四〇〇ヘクタール以上の敷地には、九

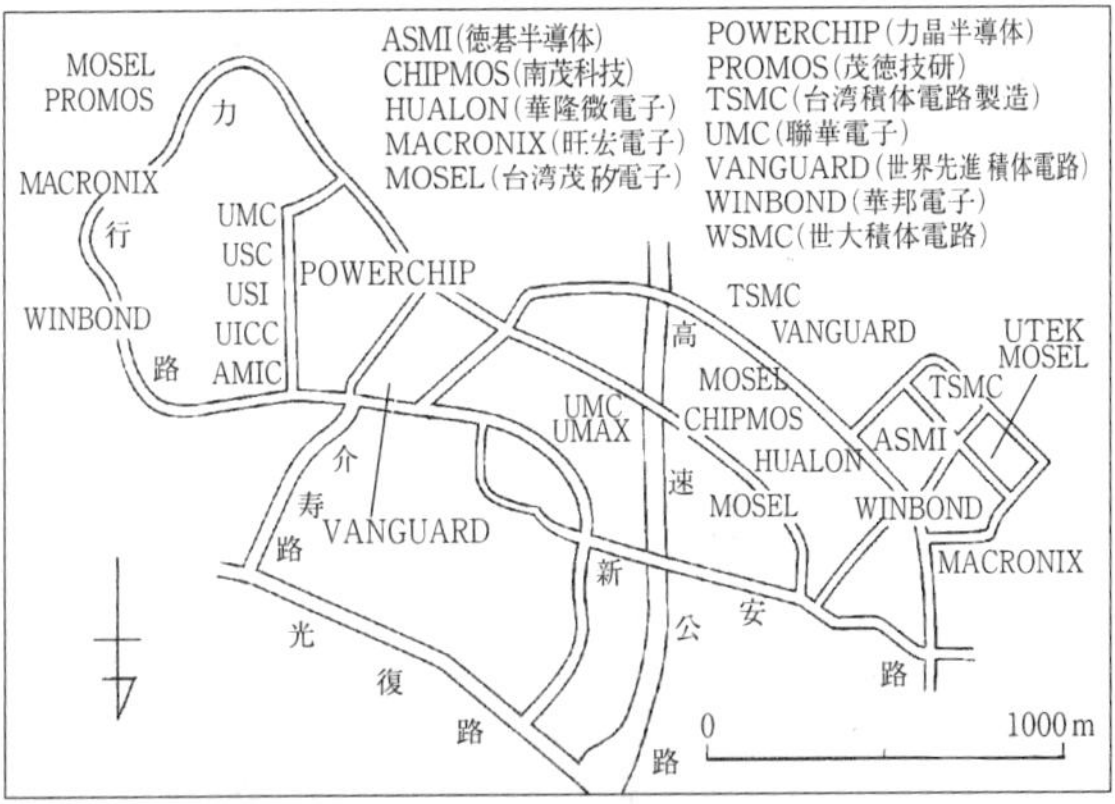

図 2-4　新竹科学工業園区

八年までにハイテク企業約二九〇社が進出し、約一〇万人(女性五万人強)が働いている。労働力の内訳を見ると、平均年齢三一歳、中高卒が約三一%、短大卒二四%、学卒二一%、修士一六%、博士一%である。

ここには台湾の主要な半導体メーカーが集まっている。一九八七年に設立された台湾最大の半導体ファンドリーメーカーであるTSMC―Acer(台湾積体電路製造、従業員六〇〇〇人、最近Acerの半導体部門を統合した)、台湾第二のUMC(聯華電子、従業員二七〇〇人)、ブランドメーカー台湾最大のウインボンド(華邦電子、従業員三五〇〇人)、それにモセルバイテリック(台湾茂矽電子、従業員一四〇〇人)、マクロニクス(旺宏電子、従業員二六〇〇人)、ヴァンガード(世界先進積体電路、従業員一七〇〇人)、パワーチップ・セミコンダクター(力晶半導体、従業員一五〇〇人)などである(図2-4)。

「グリーン・シリコン・アイランド」とは、陳水扁総統率いる台湾民進党のスローガンである。これには、環境負荷の少ない半導体やIT産業を台湾の産業振興の中心にしようという意図が込められている。だが、台湾政府の政策によって造成された新竹科学工業園区もまた、環境問題に直面しているのだ。

悪化する周辺の水環境

第一は、工業園区の企業群が出す排水による環境悪化である。

地元の環境NGOは、新竹の河川や沿岸部、周辺の田畑が、工業園区の不十分な排水処理のために汚染されていると主張している。具体的には、園区周辺の田畑の灌漑用水や水路が汚染されているほか、新竹の海岸の牡蠣や貝類にも被害を出している(本章扉写真参照)。新竹科学工業園区の水使用量は一〇年で一〇倍に増え、現在日量約九・五万トンにのぼる。下水汚泥も日量八〇トン発生し、近くに埋め立てられている。

園区の排水放流域に住む市民二五〇人の健康調査では、化学臭・眼の痛み・鼻血・咳・倦怠・頭痛・動悸などの自覚症状が報告されたので、さらに血液と尿検査を実施したところ、半分近くが異常値を示していた。また、非公式の疫学調査によれば、新竹市民の発ガン率の高さが指摘されているが、正式な調査報告はまだない。

土壌・地下水汚染に直面する工業園区

第二は、土壌・地下水の汚染問題である。

データは、公表されていないが、筆者が独自に入手した一九九九年の資料によれば、工業園区内の土壌分析調査の結果、一八サンプル中、五サンプルからテトラクロロエチレンが土壌一キログラム当たり一～二ミリグラム検出されている。これは日本の基準値の約一〇倍から二〇倍の値である。

また、地下水の水質は、塩化ビニリデンが九地点中二地点で検出され、ともに台湾の基準値二ｐｐｂを超過している。さらに、トリクロロエチレン、一、一‐ジクロロエチレン、トリクロロメタンも検出され、トリクロロエチレンの一サンプルは日本の基準値の約三倍である。多くは、半導体工場からの有機溶剤の漏れによると見られる。

これとは別に、二〇〇〇年四月、ＵＭＣ第五シリコン工場が、新竹市の水道水源地区で環境影響評価を受けずに試験操業を開始し、市から免許を取り消され、操業を一時停止した事件があった。その後、新竹市長が操業停止の解除を条件に献金を強要した疑いで検察当局から捜査を受けている。

新竹科学工業園区にあるガスタンク(中央の白い塔)

廃溶剤の不法投棄問題

台湾では、年間約一六〇〇万トンもの有害産業廃棄物を発生させているが、その六〇%は適正処理されていないと見られている。そのために深刻な不法投棄問題がくりかえされている。有害産業廃棄物の約四二%は廃液で、二七%が汚泥である。有害産業廃棄物の約四三%を、ハイテクIT産業が発生させている(表2-2、2-3)。

二〇〇〇年七月後半には、深刻な事件が発生した。台湾南部高雄《カオシュン》地区(約三〇〇万人)の水源である高屏渓(カオピン川)の支流に廃有機溶剤(トルエン、エチルベンゼン、キシレン)が不法投棄され、数日間にわたり水供給が停止されたのである。

直接の投棄者は、廃棄物処理業者の昇利《シエンリ》化工公司の関係者であった。昇利化工公司は廃液と廃溶剤の専門処理会社で、新竹科学工業園区のハイテクIT産業を含め、台湾全体の四〇〇近くの会社と契約を結んできた。廃有機溶剤の投棄者は、同社が処理できない廃有機溶剤を河川や溝渠《こうきょ》に投棄してきたのである。埋設パイプを通じて海中に流してきた場合もある。

この悪質な事件の背景には、有害廃棄物の発生量と処理方法を申告するマニフェスト（積荷目録）報告制度が不十分で、正しく報告されていないことがある。この事件で、溶剤の生産者である長興化工公司と処理業者の昇利化工公司の社長は、のちに終身刑を言い渡されている。

表 2-2　有害産業廃棄物の種類

廃液	42%（61万t）
汚泥	27（40万t）
集塵灰	8（12万t）
金属・混合金属	7（10万t）
灰汁	4（6万t）
その他	12

（『天下雑誌』2000年9月1日号より）

表 2-3　有害産業廃棄物の排出産業

電気電子工業	43%（63万t）
化学原料業	31（45万t）
金属工業	14（20万t）
その他	12

（同上）

廃有機溶剤の不法投棄問題について、台湾大学の於幼華《ユウユウフオア》教授（環境工学）は、昇利化工公司が環境監査の国際的認証であるISO一四〇〇一を得ていた点で、認証制度の不備を指摘している。さらに、「今回の廃棄物問題で、ハイテクにともなう廃棄溶剤がどれほど発生するかが明るみに出てきた」と強調している。

なお、台湾南部・高雄の大発《ダーファー》工業区で、ケーブルやIC基板などの産業廃棄物が野焼きされてきたが、そこには現在、回転炉式の焼却施設が整備されている。だが、処理を待っている廃棄物は多い。

廃溶剤の貯蔵処理問題

新竹科学工業園区の廃溶剤を処理していた昇利化工公司が営業免許を取り消されたために、一ヶ月に約一五〇〇トン(一〇ガロンの樽で一万個)も発生している廃溶剤が行き先を失い、大きな問題となっている。数少ない他の処理業者の処理価格は二倍以上に高騰し、何よりも科学工業園区に保管の余裕がないことが事態を深刻にしている。

台湾の環境行政を担っている環境保護署は、対応策として、他の業者の許可処理量を拡大するとか、有害でない廃溶剤は審査を経て焼却する、さらには使われていない鉱坑を臨時保管場所として利用する、保管場所の土地提供を国防部(つまり軍)に依頼するといったことを検討している。いまのところ、新竹の油源公司が一時貯蔵し、焼却を行う予定である。

だが、問題の抜本的解決には、廃棄溶剤発生源での廃棄物削減とリサイクルをはかることが不可欠であるというのが、環境保護署の立場である。こうした事態に対応して、二〇〇三年末までにすべての産業廃棄物の適正処理をめざす「全国事業廃棄物管制清理方案」(全国産業廃棄物管理計画)が立案中である。

台湾の新しい土壌・地下水汚染回復浄化立法

台湾では、人口の約一五%が地下水を飲料水として利用している。とくに南部の利用率が高い。台湾の土壌・地下水汚染で一番深刻なのは、国有企業である中国石油と農薬工場による高雄周辺の汚染であると見られている。だが、ハイテクIT産業による土壌・地下水汚染は深刻さを増している。これに対して、二〇〇〇年二月に土壌・地下水汚染回復浄化法が制定された。

この法律制定の直接のきっかけとなったのは、アメリカ系RCA社の電子・電気製品・テレビ工場(一九九二年に閉鎖、台湾北部の桃園《タオユワン》県)の元労働者による一九九四年の内部告発で、工場による有機溶剤の土壌・地下水汚染と職業病が明らかにされた。そこで、RCA社は責任を認め、一九九八年に自主的に土壌浄化を行ったが、地下水汚染は完全には浄化できていない。

新法は当初の原案では土壌汚染浄化に中心があったが、議会の立法院の議論で、地下水汚染にも範囲が拡大された。農用地以外の土壌・地下水汚染についての対策立法のない日本にとって、この新しい法律は参考となる内容である。どういった仕組みになっているか、簡単に見ておこう。

汚染状態は、地方当局のモニターに基づき、①監視、②管理、③浄化の三段階に区分される。まず、発生源で汚染が基準値を超えた場合、当局は汚染地を管理地に指定し、汚染者に監視と管理を要請する。所有者は所有権が移るときに、土壌汚染をチェックし浄化する義務がある。

さらに公衆の健康と環境に脅威となると当局が判断すれば、土地は浄化地として指定され、汚染者あるいは土地関係者(土地使用者、管理者、所有者)は浄化計画を作成しなければならない。地質学的特性・汚染物質の特性などにより、基準は柔軟にすることが可能で、地下水汚染源が不明で基準値を超える場合、当局が対応し、あとで汚染者に浄化費用を請求できる。浄化地は売買が禁止され、特定の化学物質への課徴金などから基金をつくり浄化などに充てる。現在二三八のモニター井戸があるが、二〇〇六年までに四三一井戸に拡大される予定である。

注目すべきは、アメリカのスーパーファンド法を参考にしつつ、柔軟な対応ができるように工夫されている点である。評価できる立法であろう。

たび重なる半導体工場の火災事故

さて、新竹科学工業園地が周辺の住民や環境にもたらす第三の問題は、災害や火災事故によるものである。半導体産業は、多種多様な化学物質を集積利用しているために、火災や地震に対する特別の対策が必要なのである。

最近、台湾の半導体工場ではとくに火災事故がめだっている。主要なものだけを列挙してみよう。

一九九六年一〇月にウインボンド（華邦電子）の新しい八インチ・ウエハー工場が原因不明の火災で数ヶ月間生産を停止した。これにより八〇〇〇万～一億ドルの損失が生じた。

一九九七年九月にはチャータード半導体工場（シンガポール系）で燃焼炉へ流れ込んだ過剰なシランガスの火災が発生している。さらに同月、ＵＭＣ（聯華電子）とアメリカのユナイテッド半導体との合弁受託企業であるＵＩＣＣの台湾の八インチ・ウエハー工場で火災が起き、生産設備が完全に破壊された。火災はクリーンルームで起き、完全消火に三六時間もかかった。工場は一九九九年まで閉鎖され、被害は四億七〇〇〇万ドルに達したと推定される。つづいて一一月には、新竹の中小企業アドバンスド・マイクロ・エレクトロニクスの四インチ・ウエハー工場で火災が発生し、六六〇〇万ドルの被害があった。

一九九八年一月になって、さきのＵＩＣＣのウエハー工場でパイプラインのスパークが原因で二回目の火災が発生した。

高額の被害をもたらす火災事故がかなり頻繁に起きていることがわかるだろう。半導体製造工場の火災の主な原因は化学物質の集積にあると見られ、その化学物質が周辺住民の訴える化学臭の原因でもある。

私が新竹科学工業園区を訪問していた際、たまたま台湾最大の半導体メーカーTSMCの避難訓練に遭遇した。白い防塵服を身につけた若い女性労働者が隊列を組んで工場の外に避難してきたところだった。このような訓練は日常的に行われているようで、横断幕を掲げ整然と行動する様子は印象的だった。

だが、行政側の防災対策はどうなっているのだろうか。新竹科学工業園区の防災体制を見ると、五人の専門防災スタッフしかおらず、多くの施設は適切な防火設備を備えていない。また、新竹市の消防署関係者は八〇人しかいない。この人数で五〇万人を守らなければならないわけだ。世界屈指の大規模な産業集中に対して、防災体制は驚くほど手薄といわざるをえない。

台湾では、終章で述べるようなPRTR(環境汚染物質排出移動登録)や環境情報公開制度はまだ日程にのぼっておらず、安全問題は残念ながら主要な関心事とはなっていない。「グリーン・シリコン・アイランド」を標榜する政府にしても、データを公開し、イメージが下がるのを恐れているのだ。

台湾中部大地震の波紋

一九九九年九月に台湾中部で起きた大地震は、一万人を超える死傷者を出した。同時に台湾の半導体産業と、そこと関わりの深い世界のパソコン生産にも大きな被害を与えた。この地震は、新竹科学工業園区の世界に占める重要性を示すと同時に、この園区のもつさまざまな防災安全上の問題を明らかにした。

新竹科学工業園区は震源から約一二〇キロ近く離れており、半導体製造のかなめであるクリーンルームの倒壊というような最悪の事態は免れた。それでも本格的な操業再開には一ヶ月近くかかった。台湾がアメリカや日本から受託生産する半導体製品は、パソコンや通信機器の心臓部となるロジック(論理回路)製品であるので代替製品を探すのが難しく、しかも在庫も品薄なため、影響は大きかったのだ。損害は一〇〇億円を超したと見られている。

新竹科学工業園区の近くには断層が存在している。地震をきっかけに耐震診断や耐震設計への依頼が日本の建設会社に増えているが、このことは、いままでいかに安上がりの急ごしらえで工場を建てていたかを示すものであろう。台湾受託生産の低コストの秘密もそこにあったわけである。

関連したインフラ整備では、電力供給網の問題がある。台湾では、電力の主な発電所が南部に集中しているために、中部を通る送電網が被害を受け、北部への送電が制限された。新竹科学工業園区への送電は数日後に優先的に回復されたが、北部にハイテク工業団地が集中するもろさをさらけ出した形である。

北部に集中しすぎた科学工業園区の立地を是正するために、新しい台南科学工業園区が建設されており、さらには中国本土に進出する可能性も高い。じっさい、台湾では土地価格の高止まり、電力・水不足などのインフラの問題、優遇措置の見直しなど、投資環境が悪化している。新竹科学工業園区に集まっているハイテクＩＴ産業は、世界的にもまれな高密度の集中立地に対応した防災安全・環境対策が、十分には取られていない。とくに化学物質に起因する排水・土壌地下水汚染対策と防災安全対策を早急に強める必要がある。これが、今回の地震からの教訓であり、「グリーン・シリコン・アイランド」を標榜する台湾の進むべき道なのだ。

3　韓国——斗山電子フェノール水道水汚染事件

DRAM特化の韓国

韓国の半導体産業は、財閥グループごとのDRAM(記憶保持動作が必要な随時書き込み読み出しメモリー)の輸出に特化している点が特徴である。

もともとトランジスタの組み立てから始まった韓国の半導体産業は、日本や欧米が歩んだ小規模IC(集積回路)から大規模ICへという開発過程を経ず、後発国として急速な離陸をはかったあと、一九八〇年代から官民そろってDRAMの大規模一貫生産をめざした。DRAMは量産効果に優れ、各種のエレクトロニクス製品に使われるため市場規模が大きく、成長性が高い。こうした性格は、少品種大量生産に強い韓国の産業体質に向いていた。すでに韓国は世界DRAMのシェアのトップを占めるまでになっている。受託生産の台湾に対して、DRAMの韓国といわれるのは、このためである。

韓国の半導体を成功に導いたのは、製品としては一世代前のメモリーに集中し、市場としてはアジアを重視し、財閥グループごとに競争的・集中的な投資を行ったことである。さらに、在米韓国人技術者をスカウトし、シリコンバレーでの現地法人の設立と情報収集を行い、OEM(相手先ブランド製造)提携などの技術導入を行いながら、日本からの技術指導によって技術蓄積ルートを開発し、結果として日米半導体協定によって日本の対米輸出が抑えられた市場に、代わって韓国が進出したのである。

しかし、財閥が膨大な借金をしてDRAM半導体に投資競争をした結果、九五年以降の世界市場での価格低下に巻き込まれ、さらに九七年の通貨危機を経て、韓国の半導体産業はいま、再編を迫られている。トップのサムソン電子は拡大した関連事業七二部門を整理処分し、従業員の四割を解雇せざるをえなかった。今後はデジタル家電と通信情報部門で復活をはかる方針である。LG電子グループが業界第二の現代電子へ半導体部門の株を売却したことで、韓国の半導体関連産業はサムソンと現代電子の二社体制へと向かっている。サムソン電子はリストラの結果、二〇〇〇年末に韓国企業全体の利益の約七割を占める約六兆ウォン(約六〇〇〇億円)を一社で稼ぎ出している。

韓国の半導体産業は全生産量の九〇%を輸出していながら、他方で国内半導体需要の約七〇%を輸入に依存している。つまり、DRAMに特化して生産しているため、DRAM以外の半導体部品の多くを輸入に頼らざるをえないのである。さらに、半導体の材料の自給率は四五%、装置の自給率は二五%で、ようするに材料と装置の大部分を日本に依存し、メモリーを輸出すればするほど、材料と装置の輸入が増える構造となっている。

半導体以外も含めて韓国のハイテクIT産業は、製造業生産額の約二〇%、輸出の約三〇%を占める基幹産業である。中小企業が多く、ソウル近郊の半月《パンウォル》国家産業団地(安山《アンサン》市、約五〇〇社)、始興《シーフン》国家産業団地(始興市、約八〇〇社)、南部の亀尾《クミ》工業団地(亀尾市、約一五〇社)などに立地している。

これらのハイテクIT産業は、一方で日本からの技術導入と模倣技術に依存し、東南アジアや中国の追い上げを受けており、他方でフロンの使用規制など環境保全上の問題がクローズアップされつつある。

大邱市の水道水汚染事件

韓国の半導体産業に関連した環境問題の実態は、まだ十分解明されていない。唯一よく知られているのは、一九九一年三月に韓国第三の都市・大邱《テグ》市で起きた斗山《ドサン》電子によるフェノール水道水汚染事件である。斗山電子は斗山財閥に属する企業で、積層基板・プリント基板の生産で韓国内の独占的地位を占めていた。

大邱市は、その当時、水道水の九〇%を洛東江《ナクトンガン》(韓国最長の河川)から取水していた。斗山電子が立地していたのは、その洛東江の上流にある亀尾市の工業団地であった。

大邱広域市『上水道事業九十年』(一九九三年、一八七頁)は、亀尾工業団地からの産業排水についてつぎのように述べる。

「工業団地が本格的に整備される以前は、上水道の原水一級水に該当し、川辺に住む住民たちが飲料水として使うほど清い水であった。……一九七〇年初め亀尾工業団地を整備する際、その広報内容では有毒排水がない団地をつくると約束した。また、多少の産業排水は川水の自浄作用によって簡単に解決できると考えた。しかしそれは大きな誤算だったのだ」

その誤算は、韓国社会を揺がす事件へと発展した。一九九一年三月一四日夜、斗山電子のフェノール原液貯蔵タンクが原因不明の破裂事故を起こした。そしてフェノール原液約三〇トンが一挙に流れ出し、下水管を通じて洛東江の支流に流れ込んだ。このフェノールが上水道の消毒剤として使用されている塩素と化学反応を起こし、クロロフェノールが合成されたことによる悪臭で、二〇〇万近くの大邱市民はパニックに陥ったのである。

飲料水が飲めない、ご飯やキムチに異臭がすると市民は訴え、はては健康被害を懸念して人工妊娠中絶する妊婦も相次いだ。捜査の進展のなかで、行政の対応のまずさや、環境保全業務

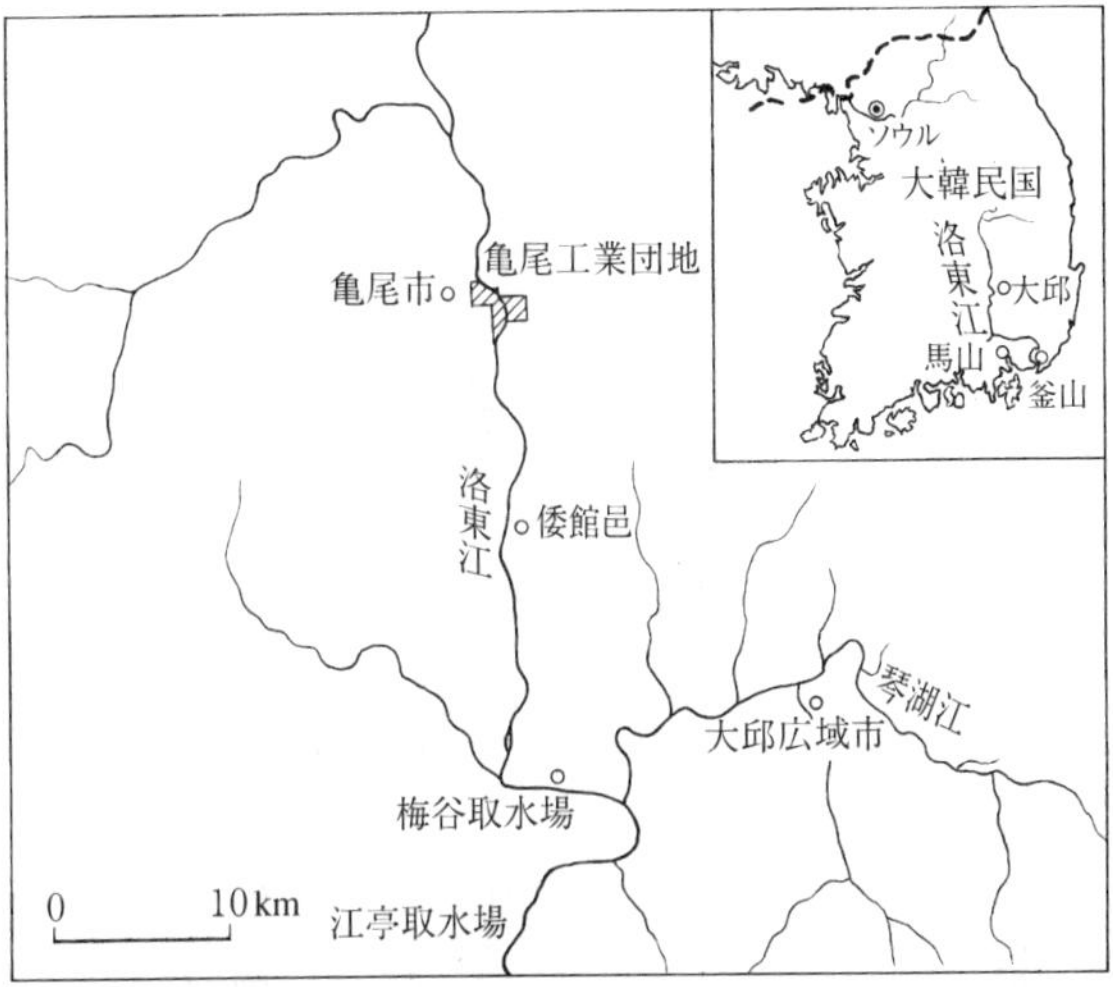

(服部民夫「韓国―大邱水質汚染事件」より)

図2-5　大邱市周辺の洛東江流域

体制の脆弱さが明らかになるにつれ、市民の反発は強まり、事態は政治問題化した。さらに、四月のフェノール原液の再流出事故が追い打ちをかけ、韓国環境處長官は引責辞任し、斗山グループ製品のビールやコーラの不買運動も繰り広げられた。

斗山財閥グループは、オーナー会長の辞任に追い込まれ、人工妊娠中絶をした二八名への補償を含め、市と市民へそれぞれ一億円以上の巨額な損害賠償の支払いをしなければならなかったのである。

事件のその後

斗山電子が立地していた亀尾市の国家

工業団地は、大気や水に対する汚染が少ないと考えられていた電子産業を誘致する目的で、七〇年代の朴政権時代に計画された。団地開設後、遅れて団地としての共同の排水処理施設を建設中のところに、事件が起きたのである。

この事件は、韓国国民の環境保全意識を高め、政府に新たな環境政策、とくに水質保全対策をとらせる契機となった。斗山グループも環境問題に積極的にとりくむ姿勢に変わった。

事件後一〇年たって、私自身、現地を見ることができた。この事件をきっかけに、大邱市の水道事業も大きな変化をとげていた。洛東江への水源依存率を九〇%から七〇%に減らし、高度上水道処理（オゾン・活性炭処理）も導入した。さらに、洛東江の水質の流域管理も強化された。私自身が見学した上水道浄化設備は、資金をかけた大変近代的なもので、一〇年前に行政の責任が厳しく問われただけに、取水場は化学物質混入の非常警報装置をもち警備も厳重であった。他方、

亀尾市の斗山電子工場．左の白いタンクからフェノールが流れ出し，右側の道路の下水道へ入った

亀尾工業団地の共同排水処理場も稼働して、工場の排水処理は一応解決したといってよい。

韓国の土壌地下水汚染

韓国の『環境白書』によると、地下水は最近利用量が増大しはじめているが、まだ開発可能量の約四分の一に止まっている。にもかかわらず、一九九八年度に行われた全韓国の地下水水質調査の結果では、八%が環境基準を超過した。とくに、汚染中心地域のなかで、工業団地・廃棄物の埋め立て地域・貯蔵タンクが多い地域は、超過率が

斗山電子工場の裏手を流れる洛東江支流

洛東江下流に位置する大邱市の梅谷取水場．亀尾市はこの上流にある

一〇%を上回って、汚染の拡大が憂慮されている。

一五の水質調査項目のなかで、主に廃棄物埋め立て場と糞尿処理場の近隣地域で、硝酸性窒素の基準超過地点が多い。これは生活排水と畜産排水などからの地下浸透によるものである。そのつぎに金属洗浄剤などの使用によるものが多く、工業団地地域からトリクロロエチレンが超過している。

『環境白書』から見る限り、韓国のハイテクIT産業は、国の輸出産業の中心をなし、もっとも重視される部門であるにもかかわらず、環境への影響は明らかではない。よく知られているのは、さきに述べたフェノール水道水汚染事件のみである。しかし、亀尾工業団地の場合、私が現地を見たところでは、あまり広くない工業団地に、サムソン、現代、LGなどの半導体・エレクトロニクス工場がひしめき合っている。行政側担当者によれば、団地内の化学物質や地下水汚染に特別の対策がとられているわけではない。企業側は価格競争とリストラが主な関心事で、労働安全のデータを出すと、労働争議に使われる恐れもあるという。

一〇年前のフェノール事件によって、韓国の環境行政と水質保全制度は大きく前進したとはいえ、ハイテクIT産業固有の化学物質の安全管理や土壌・地下水汚染対策は、十分とりくまれていない。韓国がIT立国を進めていくうえで、この課題を避けて通ることはできない。

4　マレーシア――遅れる廃棄物対策

多国籍企業による「シリコンバレー」

八〇年代後半、マレーシアは輸出産業の外貨受け入れ条件を緩和し、外資系企業の進出をうながしたが、なかでもハイテク産業を優遇した。マハティール首相はペナンを中心としたマレー半島を「マレーシアのシリコンバレー」と位置づけ、最先端の技術をもつ外国のハイテク企業を呼びこんだのだ。マレーシアは輸出額がＧＤＰとほぼ同額という輸出大国である。そのうちの半分以上をエレクトロニクス製品が占めるようになった。

マレーシアのエレクトロニクス産業は、マレー半島の西側、ペナン州、首都クアラルンプールを含むセランゴール州、ジョホール州に立地している(図２‐６)。最近、同地域では産業の急速な発展によって労働力の売り手市場が続き、工場労働者の賃金は二〇年間で四倍にもはねあがり、転職率も高い。低コストの中国の猛追にどう対応するかが、課題となっている。

マレーシアには、一九九七年現在で、三一社の半導体企業(後工程中心)があり、その内訳はアメリカ系一〇社、日系九社、欧州系五社、地元系四社で、外資系企業の比重が著しく高い。

図2-6　マレーシアのIT産業が集中する3州

それらの企業の半導体生産は後工程、つまり組み立てが中心であり、付加価値が低い。

現在実施中の第七次計画の重要課題は、国内での電子部品のデザイン・開発とウエハー工場の誘致である。つまり、半導体生産の前工程を含めた総合一貫生産体制を築くことをめざし、台湾のような高度な体制を築こうとしているのである。この計画達成の第一歩として、シャープが技術供与するマレーシア初の半導体前工程メーカー、ファースト・シリコンが、二〇〇一年三月にサラワク州で生産を開始した。

有害廃棄物集中処理場問題

ところが、マレーシアで半導体前工程を含む一貫生産を行おうとする場合、大きな障害となっているのが、産業廃棄物問題である。現状では、増加する指定産業廃棄物(有害廃棄物)の最終処分に対応できないからである。この問題が産業発展の制約条件になっているのだ。

マレーシアでは一九八九年に一連の規則・命令で、指定産業廃棄物は最終処分施設で処理しなくてはならないと定められたが、そのあともそうした施設は九七年まで国内にはひとつもつくられなかった。法規どおり廃棄物対策にとりくもうとする企業は、一〇年近くの間、発生した指定廃棄物を工場内に保管せざるをえなかったのである。

九七年にようやく最終処分施設が完成したものの(デンマーク系のクオリティ・アラム社、一九九八年六月本格稼働、センビラン州ブキナナス)、いまだに国内に一ヶ所しかない。またその処分費用が割高なこともあって、現状では不法投棄が絶えない。新聞報道でもしばしば取り上げられている。たとえば、日系の金属表面処理剤会社が、一九九九年五月、重金属を含む指定産業廃棄物を自社敷地内に不法投棄したことに対して、罰金支払いと、すべての対象廃棄物をクオリティ・アラム社に運び処理すべし、という判決が言い渡された。

多くの日系企業では、一九九七年までの一〇年間、工場内で保管できる指定廃棄物が限度を

マレーシア・ブキナナス，クオリティ・アラム社産業廃棄物処理プラント（住友重機械工業パンフレットより）

越え、場内の空き地がそれを詰めたドラム缶であふれている光景がよく見られた。有価金属の回収を名目にアメリカや日本に輸出処分する企業もあったが、これは有害廃棄物の越境移動を制限しているバーゼル条約で規制されている。そこで、なかには、廃棄物の重量を減らすために汚泥乾燥機を導入したり、廃棄物の発生量自体を減らす工夫にとりくむ企業も出ている。

また、産業廃棄物とともに、マレーシアの工場排水基準は、日本にくらべて厳しい。やはり、工業団地に中央排水処理場が設置されていないため、各企業が独自に排水を処理しなければならないのである。

半導体産業との関係で、有機塩素系物質や土壌汚染については、現在は具体的な基準は設定されていない。しかし、すでに述べたように、今後、前工程を含む一貫生産が進むにつれて、規制が設けられるであろう。

マレーシアの産業廃棄物政策は、一九八〇年後半のハイテク産業振興策と並行して、一連の規制や命令を整備するという積極的な面をもっていた。一方で実際の施設整備が追いつかないという弱点があり、それが産業発展を制約している。しかし他方で、厳しい規制があるため、企業は対策をとらざるをえない。規制どおり環境対策を進めていくと、低コストをめざして進出した日系企業は、当然のコストを払わなければならなくなる。

5　タイ——日系企業と労働安全問題

日本電子産業の進出

いまやタイ最大の輸出産業の一つは、ハイテクＩＴ産業である。輸出入額の約四分の一を占め、メーカー数は九〇〇社、工場数は二七〇〇以上にのぼる。

しかし、タイの電気・電子産業は、そのほとんどが、これまで述べてきたハイテクＩＴ先進国の日本、台湾、韓国などの下請けである。その外資も日本が大半を占める。バンコク日本人商工会議所『会員名簿』二〇〇〇年版によれば、日系の電気・電子会社は一六〇社にのぼる。日本企業の進出先としては、中国(三八八社)、マレーシア(二六〇社)に次いで多い。工場数は約三〇〇件前後になる。

タイの電子部品メーカーは三層構造をなしている。まず、トップに日系大手(村田製作所、TDK、ローム、ミネベアなど)が位置し、つぎに日系中小メーカー(日本では中小だが、タイでは大きな工場を構える)が続き、底辺にタイの地場企業が存在するという構造となっている。

タイで生産される電気・電子製品は、HDD(ハード・ディスク・ドライブ)やプリンターなどのハイテク製品から、安価のオーディオ製品まで幅広い。しかし、製品の組み立てが中心であり、ハイテク製品用の部品(コンデンサー、コイル、トランジスタ、ダイオード、水晶発振器)は、その部品の大半が日系部品メーカーから供給されている。リモコン、モータ、スピーカー、マイクなどの分野は、韓国・台湾系の企業も進出している。アジアのIT先進国がタイに進出しているのは、賃金水準がいまだに日本の一〇分の一ほどであること、また、他の東南アジア諸国とくらべ政治的社会的に安定していることがあるからである。

タイのハイテクIT産業

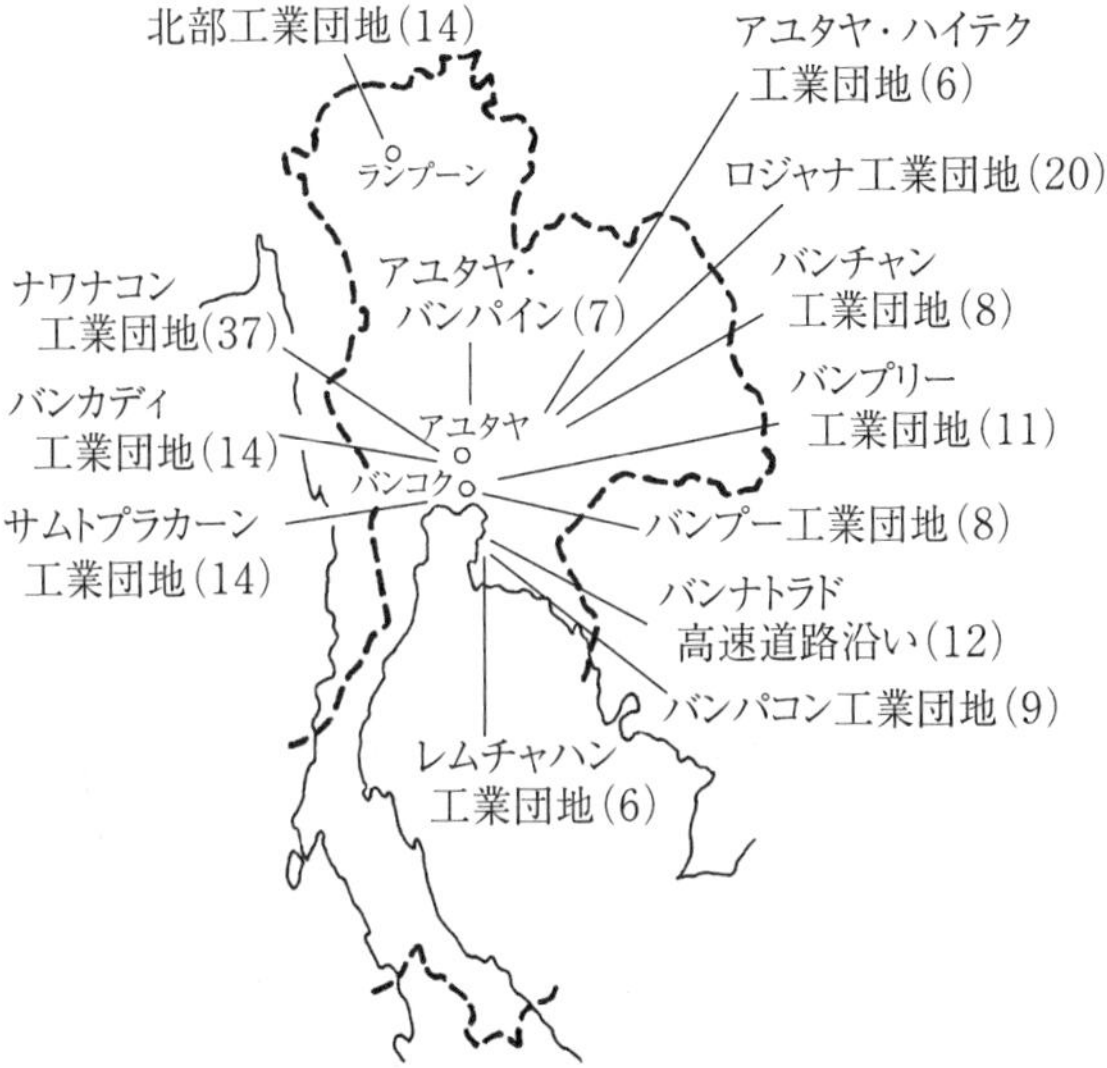

(『タイの電子工業』電子タイムズ,1998年より作成)

図2-7 タイの主要な工業団地(カッコ内は日系ハイテクIT工場数)

タイでは外資系企業の九五%以上が、五〇余りの工業団地で操業している(図2-7)。外国企業は工業団地内に限り土地の所有を認められる。工業団地の多くはバンコク周辺に立地しており、とくにバンコク空港の北方からアユタヤ県にかけてエレクトロニクス企業が多い。バンコクから離れたところでは、北部のランプーンに北部工業団地があり、エレクトロニクス部品組み立てメーカーが多く集まっている。大きな農村人口を抱えながら急速に工業化を行ってきたタイは、社会のさまざまなところにひずみを生んでいる。

タイのエレクトロニクス産業は、典型的なIT産業ではなく、むしろIT下請け部品組み立て産業である。したがって、そこから生ずる環境関連問題は、日韓台の典型的なIT汚染とは性格が異なる。むしろ急速な工業化や長時間労働、タイ固有のカルチャーとが複雑に絡み合って生ずる問題であるように見える。こうした現状を考えると、タイに進出したIT先進国の企業は、労働衛生の面でも、産業廃棄物の面でも大きなリスクを抱えこむことになる。

これから招介する具体例は、一見するとIT汚染と無関係に感じられるかもしれない。しかし、読者に考えてもらいたいことは、タイのIT産業がIT下請け産業である以上、大きくはIT汚染の一部をなしているということである。

以下でランプーンの北部工業団地を例にとって、IT下請け産業が生み出す労働衛生と産業廃棄物の問題を具体的に見よう。

日系企業での「謎の死」

タイ北部のランプーンは、古都チェンマイから南へ車で一時間の距離にある。一一世紀来の黄金色の寺院ワット・プラタート・ハリプンチャイには寝釈迦像が並び、歴史的な遺産が多い。

私もランプーン市内と周辺を歩いてみて、どこか陽気な響きのある音楽で葬送される住民の葬式にたまたま遭遇し、日本とは異なるタイ仏教文化の一端を垣間見た思いがした。

その近くの農村地帯を政府が開発してタイ北部工業団地をつくったのは、一九八五年のこと。現在では約九〇社、約三万人が働く。労働者の大半がタイ東北部や北部からの若い女性で、一年目の賃金は月給四七〇〇バーツ(約一万二五〇〇円)。彼女たちの大部分が日本からの電子部品メーカーで働いている。

問題が起きたのは、日系企業エレクトロ・セラミック社である。この会社は、北陸セラミックの現地会社で、酸化アルミニウム基板を製造し、同団地の村田製作所へ納入したり輸出を行っている。従業員は約五〇〇人である。携帯電話には部品としてセラミックコンデンサーが不可欠であるが、その生産メーカーが村田製作所である。

ワット・プラタート・ハリプンチャイ寺院

そこで働くマユリーさん(当時二〇歳)は、型抜きされた酸化アルミニウムのセラミック

ランプーン，エレクトロ・セラミック社

を検品し揃える係だった。四年近く働いたあと九三年から頭痛や体のしびれ、むくみなど体調不良となり、入院・休職した。チェンマイの病院で化学中毒と診断され労災申請したが、認められず、翌九四年四月に解雇され、訴訟を起こした。

酸化アルミニウムは、アルミニウム肺などの肺病変を引き起こす。同じ工程で働いていた同僚のウォンドアンさんは、ひどい頭痛と痙攣で入院し、九三年九月に亡くなっている(当時二三歳)。そこで酸化アルミニウムを扱う労働環境がこうした被害の原因となっているのではないかと疑われた。

ウォンドアンさんを含め、九三年に相次いだ労働者たちの謎の死は、『バンコク・ポスト』などが取り上げ、タイ全国で大きな関心を呼んだ。九三年二月から九月までの間に、同団地で働く労働者一一人を含む一三人(二人は労働者の子ども)が次々と謎の死を遂げたというものである。一三人のうち九人の勤務先(あるいは亡くなった子どもの親の勤務先)は、日系六社であった。村田製作所、HOYA、東京コイル、東京トライ、KSS、北陸セラミック各社の現地法人である。HOYAは光

図 2-8　タイ・ランプーンの北部工業団地

学レンズ会社で、他は携帯電話部品、セラミック部品(抵抗器)、プリント製版、振動体の水晶体をつくる電子部品工場である。村田製作所以外は、八〇年代後半の円高の波にのってはじめて海外に進出した企業である。

マユリーさんの訴えは、アルミのダストは基準内であり労災ではないとして、九六年に却下された。しかも、一三人(のちに一人追加)の「謎の死」についての政府の検討報告書(九五年一月)は、一四人のうち、一〇人はＨＩＶ、二人は白血病、二人は脳障害として、職業病との関係を否定している。だが、他方で、政府のこの報告書自体も、工場の作業環境と換気が不十分であったことを認め、企業に対し改善勧告を行っている。

現地の日系企業側は、タイの現地メーカーの工場とくらべはるかにクリーンだと主張する一方で、従業員の一人一人の労働時間を把握していない企業もある。ランプーンの北部工業団地での労働安全衛生問題とは、じつは同団地に働く女性労働者の長時間労働と職業病、それに関連したＨＩＶの問題である。

ランプーン，エレクトロ・セラミック社工場内に積み重なるドラム缶

女性労働者の実態

「日系企業が村を変えた」といわれるように、工業団地はそれまでの農村生活を大きく変えた。

農村の女性が工場で働き始め、家電製品を買えるだけの収入を得るまでになったが、子どもたちの世話・家事の二重の負担がかかり、また近隣県からの独身者は、長時間労働のストレスをアルコールとセックスで解消するようになってしまった。これがＨＩＶを拡大させる要因となった、とチェンマイ大学の研究者は指摘している。また、日本のタイ経済研究者の末廣昭氏は、労働者の謎の死の「主たる原因は、年間三四〇日を越える異常な長時間労働による「過労死」であった」(『キャッチアップ型工業化論』、二七一頁)とし、事件の背景に企業における「管理と競争」の強化を摘出している。

イギリス人研究者のサリー・テオバルド(リバプール熱帯医学校)は、ランプーンの北部工業団地における日系企業の女性労働者の労働条件について、ジェンダー研究の立場から現地で一年近く詳細な聞き取り調査を行っている。彼女の研究の力を借りて、急速な工業化によるひずみとタイ固有のカルチャーとが複雑に絡み合って生ずる事件の背景について、より理解を深めておこう。

この団地に入居している一七の日系企業のうち、エレクトロニクス系は一四社で、全労働者の七割がそこで働いている。そのうち未婚の女性労働者は八割を超える。平均年齢二一歳で、平均勤続年数約三年、出身地方はタイ北部、東北部、中部で、多くはランプーン南部である。彼女たちの大部分は家族への仕送りをしている(平均で給料の約四分の一)。

ある企業の労働状況はつぎのようなものである。二四時間の交代勤務で、日本的な労務管理手法でグループと個人レベルの目標管理がなされている。通常、勤務時間は朝八時から夕方五時までだが、残業で夜八時までとなることが多いという。仕事の速さに応じて四つのグループに分けられ、支払いに差がつけられている。最も速いグループは病気になりやすいという。勤勉手当てが支払われるために、病気でも休めなくなるのだ。深夜勤務は負担がきついが、日本人の管理が緩くなるので、歓迎される面もあるそうだ。おそらく他の企業でも同じような状況にあるといえるだろう。

労働衛生面では、筋肉痛、視力の低下、アルミナ(酸化アルミニウム)・鉛中毒、頭痛、めまい、皮膚病などが多く発生している。防護具は支給されているが、作業能率が落ちるので着用していないことが多い。驚くべきことに、眠気をさまし作業効率を上げるために、覚せい剤が使用される場合もあるという。

妊婦は雇用されず、妊娠すると工場を辞めるのが一般的である。工場労働者に月経障害・流産・不妊・先天異常率が高いという噂が絶えないが、本格的な調査はまだ行われていない。工場でストレスの強い仕事を続けているために、工場外でハイリスクの生活スタイルが一部では広がっているという。すなわちアルコールやドラッグへの依存、不規則な睡眠、無防備なセックスなどである。HIV感染の増加は政府の統計によっても確認されていることではあるが、溶剤などの化学物質使用の結果生じている健康上の問題も、すべてHIVのせいにされる傾向がある。工場を退職した女性労働者の退職理由は、妊娠と健康問題が大半である。

工場を退職した女性労働者は、工場で得た交友関係をもとに団地の近くに小さな商店を開くものもあり、工場労働には否定的な面ばかりではなく、女性の社会性を高める効果もあるというのが、テオバルドの研究である。

タイ女性労働者の問題は、開発途上にあるタイの現状を反映する問題であり、日系企業の存在やタイ政府の工場化政策そのものを否定するものではない。だが、こうした労働安全衛生上の問題を、進出した日系企業は過小評価すべきではない。

村長の訴え

私は、二〇〇一年一月に調査のためにチェンマイとランプーンを訪れた。そこで、工場関係者、NGOのランプーン婦人健康センター（LWHC）、北部工業団地に隣接したスリブンユン村の村長などから直接話を聞くことができた。

ランプーン婦人健康センターによれば、工場の労働者の健康問題としてHIVが深刻で、いままでも一～二ヶ月に一人の割合で若い女性労働者が亡くなっているという。労働環境の問題では、研磨剤や有機溶剤への被曝による皮膚炎が多く、二〇〇一年一月にも工場でタンクから化学物質を移すさいに被曝したと見られる労働災害が起きている。

団地に隣接したスリブンユン村には、約七〇〇戸、三五〇〇人が暮らす（工場のアパートは除く)。そこの村長は、工業団地は環境上、村の脅威となっていると訴える。

脅威の一つは工場からの排水で、川の魚が死んだり、湿地の樹木(カムジイ)が枯死している。この団地には下水道施設が設置されているものの、十分に機能していないという。

二つ目は大気汚染で、化学物質の臭いやガスの放出で夜も眠れないことがあるという。住民には喘息や皮膚病が多い。また、工業団地ができてから、村の土地価格が下がり、子どもたちの教育環境も悪化したという。

ランプーン婦人健康センター(LWHC)

こうした苦情は、政府直属の工業団地の管理者に訴えてはいるが、政府の予算不足のために、また、被害補償を一度でもすると、次から次へと同様の訴えが舞い込んでくるために、本格的な対策はとられていない。私自身、工業団地を歩いてみて、各工場の裏手には使用済み廃棄物のドラム缶が山積みになっているところが多く見られた。ランプーンの工業団地周辺は、当初の廃棄物処理設備の不備もあって、産業廃棄物の不法投棄が多く、河川の汚染・異臭の苦情を聞いた。

この工業団地に限らず、タイでは、もともと伝統的な農村共同社会のなかに、政府が工業団地をつくり、そこに外資を呼びこみ、外部の労働力を投入してエレクトロニクス部品生産を始めた。伝統的な農村社会にとっては「外来的」な性格が強い。当然多くの不満が出る。こうした状況に対して、タイ政府は、一九九七年新憲法で、環境アセスメントや公聴会などの住民参加をうたっているが、地方レベルの具体的な環境問題に対しては、予算と執行の制約が大きいために、対応できていない。

また、現地の日本企業側も、たとえば村田製作所などは、環境管理システム監査のISO一四〇〇一の認証を取得しているが、工業団地のなかでどのような化学物質を使用しているかなどについての情報公開を地元住民に行っていない。こうしたことも、住民側の不信と不安の一因となっている。

スリブンユン村の村長

難航する有害廃棄物処理

タイの有害廃棄物の発生量は、毎年一〇%近い伸びを示している。一九九六年の有害廃棄物の総発生量は約一六〇万トンで、重金属含有スラッジや固形物が約六〇%、廃油が約二〇％と推定されている。

しかし、タイ国内には有害廃棄物を適正処理できる施設が二ヶ所しかない。その処理能力も年間二〇万トン程度にすぎず、多くの有害廃棄物が工場内に敷地内保管されているか、一般廃棄物に混入され不法投棄されていると見られる。

タイ政府は全国七ヶ所に有害廃棄物処理施設の新設を計画しているが、どれも予定地周辺住民の強い反対運動にあって建設が難航している。

日本機械輸出組合は、タイの三〇社三五工場（うち電気・電子は一四社一七工場）に対するアンケートを行っているが、それによれば、産業廃棄物の取り扱い業者がいないので、一時ないし長期保管となっている廃棄物に汚泥、廃油、廃プラスチック、動植物性残渣《ざんさ》がある。とりわけ有害物質を含んだ汚泥は、処理業者がいないせいで、九〇年来、累積一〇八トンが工場構内に保管され続けているという例もある。

バンコク日本人商工会議所環境委員会でも、有害廃棄物処理の問題については、頭を痛めている。現実の処理委託形態として、一般廃棄物処理業者に金属屑などの有価物を無料か安い価格で払い下げて、それと抱き合わせる形で雑ごみや残飯の事業所系廃棄物を委託している。さらにその業者が許可のある産業廃棄物処理業者に再委託し、埋め立て・焼却処理を行っている事例も報告されている。

タイの現状が教えることとは、廃棄物処理や環境インフラが十分整備できていない地域への立地は、短期的には投資コストを引き下げはするが、長期的には処理できない有害廃棄物を工場構内に抱え、大きなリスクとなるということである。

アジアのＩＴ産業と環境問題

以上みてきたように、アジア各国へＩＴ生産が拡大するにともなって、ＩＴ生産がもたらすさまざまな環境問題が広がりつつある。

アジアといっても、各国のＩＴ産業の発展段階に応じて、環境問題のありようも異なっていることがおわかりいただけるだろう。

高度の半導体産業が集積している台湾では、新竹科学工業園区周辺の水環境悪化、土壌・地下水汚染、火災・地震等の災害などがすでに起きており、化学物質に起因する土壌・地下水汚染への対策と防災安全対策を早急に強めるべき段階にきている。

ＤＲＡＭに特化したＩＴ産業を抱える韓国は、一〇年前のフェノール事件を教訓として、環境行政と水質保全制度を大きく前進させたが、ハイテクＩＴ産業固有の化学物質の安全管理や土壌・地下水対策はまだ十分にとりくまれていない。台湾と韓国が、本格的なIT立国を進めていこうとすれば、避けて通れない課題であろう。

半導体の後工程が多く立地するマレーシアでは、廃棄物処理の規制は進んだが、それに対応した処理設備が少なく、半導体産業の発展を制約しかねない状況である。

半導体産業をまだ持たないタイの場合、日韓台のIT下請け組み立て生産の性格が強く、労働コストが安いという理由で多くの日系企業も進出しているが、労働安全衛生対策と廃棄物処理の遅れは、企業にとってもリスクとなっている。処理されないで工場に山積みされる産業廃棄物はその象徴である。

これらは、IT生産のグローバル化がもたらしたもう一つの現実なのである。

昨今の価格破壊は、従来の生産流通の不合理を見直すという積極面をもたらした。だが、競争が激化するかげで、一円でも安く早く製品をつくるために、労働コストと必要な設備費を節約し、その結果が健康破壊と環境破壊を生み出している。日本の消費者は、もう一度このことを考え直してみる必要があるのではないだろうか。

第3章

日本のIT汚染

神奈川県秦野市の地下水人工透析装置(秦野市環境部提供)

1　製造業の不良債権問題

都市再開発と土壌汚染

いま、日本全国のいたるところで、市街地の工場跡地やバブル地上げ後に放置された空き地を再開発する動きが進められている。都市での公共事業を経済活性化への起爆剤に使おうというわけだ。そこで大きな障害としてクローズアップされてきたのが、工場跡地や廃棄物処理場跡地などの土壌・地下水汚染である。

汚染用地をもった会社は、いわば、「製造業の不良債権」を抱えたままとなって、土地取引や再開発の大きな妨げとなっている。日本全国の土壌汚染は、ある説によれば四〇万ヶ以上あり、土壌汚染対策費用は一三兆円にのぼるといわれる(土壌環境センターの推定)。表3-1にあるように、最近公表された事例だけでも多数にのぼるが、これは氷山の一角にすぎない。

土壌汚染があった場合、当然土地の資産評価は下がる。とくに外資系企業が不動産を買収する場合や不動産の時価を厳密に評価し直すうえで、土壌汚染の調査と浄化は避けて通れなくな

表 3-1　最近の主な土壌汚染

汚染公表時期	工場名称（所在地）	主な検出物質
1998. 6.	防災用井戸（埼玉県所沢市）	トリクロロエチレン
8.	NEC 系列企業の工場跡地（神奈川県川崎市）	有機塩素系化合物
11.	ヤマハとその子会社の工場（静岡県浜松市など 3 ヶ所）	トリクロロエチレンなど
	セイコーエプソンの本社（長野県諏訪市）	トリクロロエチレン
1999. 1.	日本油脂の工場跡地（大阪府淀川区）	ヒ素など
3.	三菱マテリアルの研究所（埼玉県大宮市）	微量の放射線
7.	富士重工業の工場跡地（埼玉県大宮市）	トリクロロエチレン
2000. 2.	マンション建設予定地（大阪府豊中市）	シアンなど
5.	マンション開発予定地（東京都文京区）	6 価クロム
8.	クラボウの工場跡地（大阪府枚方市）	発ガン性塩素系溶剤
	三井化学の工場（福岡県大牟田市）	ダイオキシン類
9.	下水道工事現場（東京都大田区）	ダイオキシン類
	日産自動車の工場跡地（東京都杉並区）	トリクロロエチレンなど
	ミノルタ子会社の工場（和歌山県海南市）	トリクロロエチレン
12.	オムロンの四条工場跡地（京都市右京区）	トリクロロエチレン
	オムロン山陽の工場（岡山県山陽町）	トリクロロエチレン
	奈良ミノルタ精工の工場（奈良県桜井市）	有機塩素系化合物
2001. 1.	大阪ガスの都市ガス製造工場跡地（兵庫県神戸市）	シアン，鉛，ヒ素，水銀など
2.	東京ガスの都市ガス製造工場跡地（東京都 3 ヶ所）	シアン，鉛，ヒ素，水銀など

（『日本経済新聞』2000 年 10 月 8 日付に資料を追加して作成）

っている。なんといっても最大の問題は、アメリカのスーパーファンド法のような有害廃棄物汚染地の浄化を定めた法体系が、日本の国レベルでは存在していないことにある。

こうした背景のもと、政府もこの問題にとりくまざるをえなくなっている。小渕元首相の私的諮問機関であった経済戦略会議の答申「日本経済再生への戦略」(一九九九年二月)や、政府行政改革推進本部規制改革委員会「規制改革についての見解」(二〇〇〇年一二月)では、汚染土壌の浄化費用負担ルールの明確化と土地利用制限の前提となる基準の確立が提起されている。土壌・地下水汚染問題が日本経済の今後のあり方に密接なかかわりをもつと考えられているのだ。

前著『ハイテク汚染』で明らかにした日本国内のハイテクIT汚染も、こうした土壌・地下水汚染問題の一環である。その後の一〇年間の展開を見ると、半導体生産による汚染のみならず、とくに携帯電話関係のIT製品の生産による汚染が広がり、さらにコピー機などのOA機器に用いられるレンズの生産が汚染を引き起こすことも新たに発見されている。

このように広がる土壌・地下水汚染に対して、汚染源の徹底した調査と情報公開によって汚染浄化にとりくむ千葉県君津市や、地下水保全条例をつくり独自に地下水浄化を推し進めている神奈川県秦野市などの先進的事例も生まれている。

そこで、本章では、まずはじめに、半導体生産以外の新たなハイテクIT生産による土壌・地下水汚染の実態を見てみる。そして、前著でも取り上げた半導体生産による汚染のその後の展開を見たうえで、浄化へのとりくみを分析し、これから進むべき道を模索したい。

2　携帯電話とIT汚染——福井県の地下水汚染

有機溶剤を除草剤に?

携帯電話がこれだけ普及しても、「村田製作所」という名を知る人は少ないのではないだろうか。この企業は、携帯電話に不可欠な積層セラミックコンデンサーの世界シェアの半分を占め、第二章で見たように、タイなどでも海外生産を行っている。それと同時に、日本の各地で地下水汚染を起こしているのだ。

北陸本線沿線の福井県武生市《たけふ》(人口約七万人)は、「菊とハイテクの町」として知られ、福井県第一の製造品出荷額をほこっている。なかでも電気機械製品は、福井県の製造品出荷額の約四〇%近くを占める。

その武生市で地下水汚染が発見されたのは、一九八九年の県による調査がきっかけだった。

市内の本保《ほんぼ》町で基準を超える八五ppbのトリクロロエチレンが検出されたのだ。だが、当初、町内にトリクロロエチレンを使用しているところが見つからなかったことから、原因不明とされた。

そこでその地区の区長が、福井工業高等専門学校の津郷勇教授(現名誉教授)に依頼し、翌年一月から本格的な地下水汚染の調査が行われることとなった。二〇〇本近くの井戸が調査され、たどりついた先が、地下水の上流にあたる福井村田製作所武生事業所(武生市岡本町、セラミックコンデンサー製造、従業員二五〇〇名)であった。

福井村田製作所武生事業所

汚染は吉野瀬川の旧河道に沿う形で延び、その大きさは幅最大約一キロ、最小一〇〇メートル、延長約六キロという驚くべき規模である。汚染は隣の鯖江市の水道水源近くまで広がり、トリクロロエチレンの最高検出濃度は二〇〇ppbであった(図3-1)。福井県も独自の調査でこれを確認した。

その後、福井県の指導で福井村田製作所が武生事業所の敷地内二五ヶ所でボーリング調査を

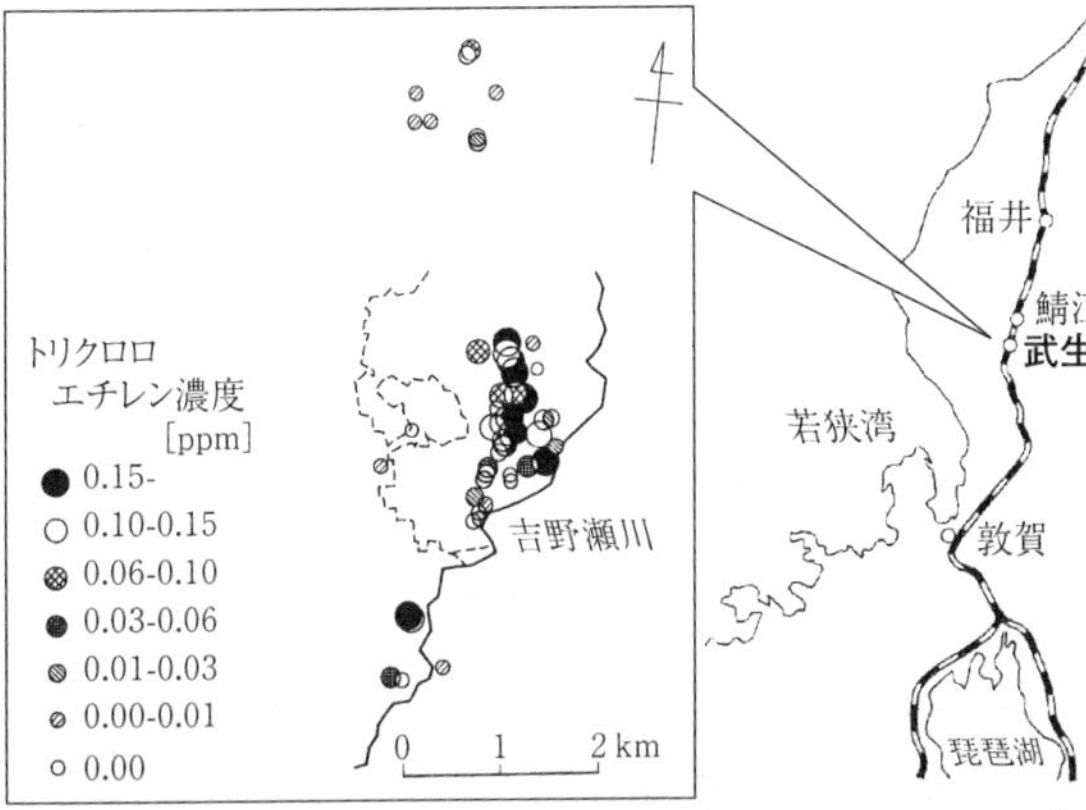

(奥村充司・津郷勇「丹南地域におけるトリクロロエチレンによる地下水汚染調査」『福井高専研究紀要　自然科学・工学』第26号，1992年，203頁より)

図3-1　武生市の地下水汚染(調査結果 1990. 3. 27-4. 12)

行ったところ、そのすべてからトリクロロエチレンが検出された。かつての有機溶剤タンク跡地周辺の三ヶ所では、地下二〜四メートルの地層で、一〇〇〇ppbから二四〇〇ppbの高濃度の汚染が確認された。汚染土壌の範囲は約二〇〇〇平方メートルにのぼる。

同事業所の半導体工場は一九八六年にトリクロロエチレンの使用をやめ、一九八八年に事務棟に改築されていた。県は「土壌を掘り起こすと汚染を拡大させる恐れがある」として、真空装置によって有機溶剤のガスを抜き出し、汚染地下水を汲み上げる処理対策を行っている。

津郷名誉教授の調査によれば、トリクロ

ロエチレンを除草剤として撒いていたこともあるといわれるぐらいに、ずさんな管理の実態も明らかになった。にもかかわらず、村田製作所は、地下水汚染で水道転換した費用や、武生市の浄化場水井戸(日量二〇〇〇トン)四本の費用を負担していない。

福井県全域に広がる汚染

その後、一九九八年になって、新たに松下電器産業グループ武生松下電器の地下水汚染が明るみになり、それがきっかけとなって、福井県が電気・電子関係工場に対して調査報告を求めるようになった。そこではじめて、福井村田製作所の関連工場による地下水汚染が公表された。

それによると、福井村田製作所白山《しろやま》工場(武生市谷口)では住民飲用の周辺井戸の汚染(基準値の六倍)、系列のアスワ電子工業(福井市江守)では敷地内(基準の六四〇〇倍)の汚染、その他、金津村田製作所ナツメ工場(福井市石橋)、福井村田製作所宮崎工場(宮崎村)、同旧小曽原工場(同)からも基準値を超えた地下水汚染が確認されている。

現行の水質汚濁防止法では、地下水汚染があっても行政などに報告する義務はないので、村田製作所側は汚染の事実をつかんでいながら、県や住民に報告はしていなかったのだ。

武生市をはじめ福井県は、地下水の量・質ともに優れ、豆腐や酒づくりに使われてきた。だが、地下水汚染をきっかけに、水道水への転換が進められ、貴重な水資源としての地下水が放棄されかけている。

福井県と武生市は、地元雇用を生み出す期待を電子部品産業に寄せ、「クリーンな産業」として積極的に誘致してきた。しかし、そうした産業が、住民の眼には見えない形で汚染を起こし、しかも街は誘致した企業への依存度が高いせいで、企業側に汚染対策や情報公開を求めることに、及び腰になりがちである。なお、村田製作所は、滋賀県八日市市の八日市事業所でもセラミックコンデンサー等の工場からの地下水汚染を指摘されている。

汚染とは無縁と思われがちの携帯電話だが、それに不可欠な部品を生産する過程から土壌・地下水汚染が発生しているのである。まさにＩＴ汚染の典型といってよい。しかも生産のトップメーカーである村田製作所は、消費者にあまり名前を知られていないので、環境関係のとりくみと情報公開には消極的である。さらに第二章でみたように、タイなどの海外でも労働安全衛生問題や環境問題を引き起こした責任を問われている。

3　ＯＡ機器関連工場の痛い教訓——キヤノン鹿沼レンズ工場

キヤノンの「痛い教訓」

コピー機やファックス、スキャナーといったＯＡ機器にはレンズが使われている。そのレンズの研磨後の洗浄に使った有機溶剤が地下水汚染を引き起こしている。

鹿沼土《かぬまつち》で知られる栃木県鹿沼市でテトラクロロエチレンによる地下水汚染が明らかになったのは、一九九〇年七月のことである。住宅造成業者が地下水の水質検査を保健所に依頼したところ、最高値七八五〇ｐｐｂもの汚染が判明したのだ。

汚染場所は、東北自動車道とＪＲ日光線が交差するあたりで、長さ約二キロ、幅三〇〇メートルの地域である。この地区の一八六戸のうち五六戸が井戸水を利用していたことから、住民は地下水汚染の事実を知り「パニック状態」になった。保健所による詳しい調査の結果、地域三六九戸中、二一戸の井戸が基準値を超過していた。

テトラクロロエチレンはクリーニング業による汚染が一般的であるが、鹿沼市の場合、栃木県の調査で地下水の上流にあたるキヤノン鹿沼工場（当時従業員一三一〇人）が汚染源と推定された。

問題とされた工場は、コピー機とファックス用レンズの研磨後の洗浄にテトラクロロエチレンの原液を年間二四〇トン使用していた。活性炭で吸着処理したあと、その処理排水を道路の側溝に流していたのだが、その排水からテトラクロロエチレンが基準値を超えて検出されたというわけだ。

汚染の発覚後、栃木県の改善命令を受け、最終放流口に曝気装置を新設し、活性炭を新品と交換し、排水処理工程に曝気装置を設けるという改善計画を提出した。工場の浄化にかかった費用は、工場全体の地価にほぼ匹敵したという。「環境対策は後手に回るほど、高くつく」。当時キヤノンの社長であった山路敬三氏は、そう痛感している(『朝日新聞』二〇〇〇年八月二〇日付)。

キヤノンの地下水汚染対策

工場は翌九一年に閉鎖され、その後は倉庫として使用されている。キヤノンは地下水汚染対策として、九一年一月から工場敷地内外に汚染の拡散を防ぐバリア井戸を四ヶ所掘削し、揚水曝気処理を開始した。

住民側は、地下水汚染対策協議会をつくり、鹿沼市を仲立ちにキヤノン側と交渉した。その結果、九〇年九月、キヤノンが被害補償として一世帯あたり見舞金六〇万円等、総額二八〇〇万円支払うことで覚え書きが交わされた。健康被害については、一九九〇年末に汚染地区の七〇人の健康診断が行われたが、とくに異常は認められなかったという。

　これらキヤノンの対策自体は評価してよいだろう。しかし、キヤノンの調査は自社敷地内に限られたものである。敷地外への汚染経路はいまもって解明されておらず、地下水汚染がどこまで広がっているのか、その範囲も明確にされていない。また、被害補償が先行したため、浄化が後回しになり、現在稼働している鹿沼市地下水浄化装置（写真参照）の運転費用は鹿沼市の予算でまかなわれている。

　同じキヤノンの地下水汚染の例をもう一つ見てみよう。キヤノン福島工場（従業員約一五〇〇名）は、従来、一眼レフカメラと八ミリビデオを生産し、現在はプリンターの工場となっている。福島大学行政社会学部・中馬教允《ちゅうまんのりちか》教授の調査によれば、この工場の立地する福島市佐倉下から加藤にかけて、長さ約一・三キロ、幅一〇〇～四〇〇メートル、面積約三五ヘクタールの範囲に、トリクロロエチレンと一、一、一-トリクロロエタンによる地下水汚染が広がり、キヤノンが対策をとっているという。

福島県にはこの他にも、中小レンズメーカーによる多数の地下水汚染が散在しているが、このことは、全国的に見ても例外ではない。全国各地にはハイテクＩＴ関連の中小下請け企業が分散している。同時に地下水汚染も広範囲に存在しているのは間違いないだろう。

キヤノンは鹿沼工場の地下水汚染から、予防保全が重要だということを改めて学んだ。鹿沼工場の汚染をきっかけとして、全社で予防保全対策を含め一〇〇億円を上回る予算で土壌・地下水汚染対策にとりくみ、すでに建物直下以外はほぼ完了している。

鹿沼市地下水浄化装置

具体的には、①汚染が発生していないかをたえず確認するための監視井戸の設置、②腐食によって漏れの恐れがある地下タンクの地上への移設、防液堤の設置、③埋設配管の地上への移設、などを行っている。同時に今後、過去の汚染の浄化責任をはたし、情報公開を徹底し、全国の工場の現状ととりくみを近隣住民に公表することで、一層社会の評価は高まるであろう。

ＯＡ機器関連の土壌・地下水汚染では、長野県諏訪市のセイコーエプソン社が、一九九八年に、自らの工場の汚染を公表し、浄化にとりくんでいる。他方、同社などの下請け工場の多い長野県岡谷市は、水道水源の八割以上を地下水と涌き水に頼っているが、トリクロロエチレンなどによる汚染で、一日八〇〇〇トンの地下水の汲み上げを中止している。長野県知事の「脱ダム宣言」にもかかわらず、このままでは計画中の下諏訪ダムに取水を求めざるをえなくなっている（『朝日新聞』二〇〇一年四月一七日付）。

このように、中小下請けの精密電気機械やＯＡ機器関連工場による土壌・地下水汚染の浄化対策は、今後の大きな課題である。

4　日本初のハイテク汚染確認工場のその後――東芝太子工場

日本初のハイテク汚染

日本で初めて半導体工場による地下水汚染が明らかとなったのは、一九八四年、兵庫県太子《たいし》町であった。そこは人口約三万人の街で、姫路市の西隣にあり、交通の便も良いことから、東芝などのメーカーが立地している。

岩波書店

出版お知らせ

2001 7

読書家の雑誌

図書

定期購読をおすすめします

A5判・本文64頁〈毎月1日発行〉
購読料＝1年分1000円（税・送料込）

定期購読の申し込み
ハガキ（『図書』購読係），FAX（03-3263-6999）
岩波ホームページ（http://www.iwanami.co.jp/tosho）
をご利用下さい．【見本誌無料送呈】

今月号の主な執筆者　リービ英雄／河島英昭／樺山紘一
鹿島　茂／加藤九祚／増田れい子／屋名池誠／田辺聖子
三木　卓／長谷川眞理子／熊沢正子／辻村江太郎／橋本槇矩

〒101-8002　東京都千代田区一ツ橋2-5-5
http://www.iwanami.co.jp/

■この案内に表示した価格は本体価格です．
（定価＝表示価格＋税）

ホメイニーの革命が生

努力論

幸田露伴

660円

何事もままならぬこの世で、のびのびと勢いよく生きるには——達人幸田露伴の幸福論。（解説＝中野孝次）

今昔物語集 本朝部（中）

池上洵一編

860円

天狗異類から、怪力無双の男女、芸道術道の名人上手、源平二氏の武勇など、多彩な題材による珍譚奇聞。

ワイド版岩波文庫

百姓伝記 全二冊

古島敏雄校注

B6判　上1000円　下900円

農民たちが伝える伝統的農業技術や知識を、個人の体験に照らしつつ集大成した百科全書。

古賀弘人訳

……上800円　下760円

【6月の新刊】

福沢諭吉の哲学 他六篇

丸山眞男／松沢弘陽編 700円

産業者の教理問答 他一篇

サン＝シモン

森　博訳 ……760円

アレクサンドロス大王東征記 ——付インド誌 (上)(下)

アッリアノス

大牟田章訳 ……各900円

歴史序説 (一)

イブン＝ハルドゥーン

森本公誠訳 900円

【復刊】

芭蕉紀行文集 付 嵯峨日記

中村俊定校注

B6判　900円

太子町では、町の約四分の一もの井戸が一時基準超過するなど、水道水源を含む広範な地域がトリクロロエチレンで汚染されてきた。汚染源は半導体とブラウン管の洗浄用にこれを使っていた東芝太子工場(正式には姫路半導体工場)であった。

おそらく、原因は、シリコンバレーの地下水汚染と同じように、地下貯蔵タンクからの漏れと考えられる。だが、工場側はそのことを明らかにしていない。工場側は、汚染土壌約一〇〇〇立方メートルを除去したが、その作業中に深さ七メートルのところで地下水が湧出し、掘削を打ち切った。

東芝太子工場

浅い部分の土壌を取り除いたために、工場内浅井戸のトリクロロエチレンの濃度は、水道水水質基準値レベル(三〇ppb)以下にまで低下したのに対して、深井戸は一〇〇〇ppb前後の高い濃度が続いている(図3-2)。また、周辺井戸ではトリクロロエチレンとともに、同物質が変化したと見られるシス-一、二-ジクロロエチレンが高濃度で検出された。

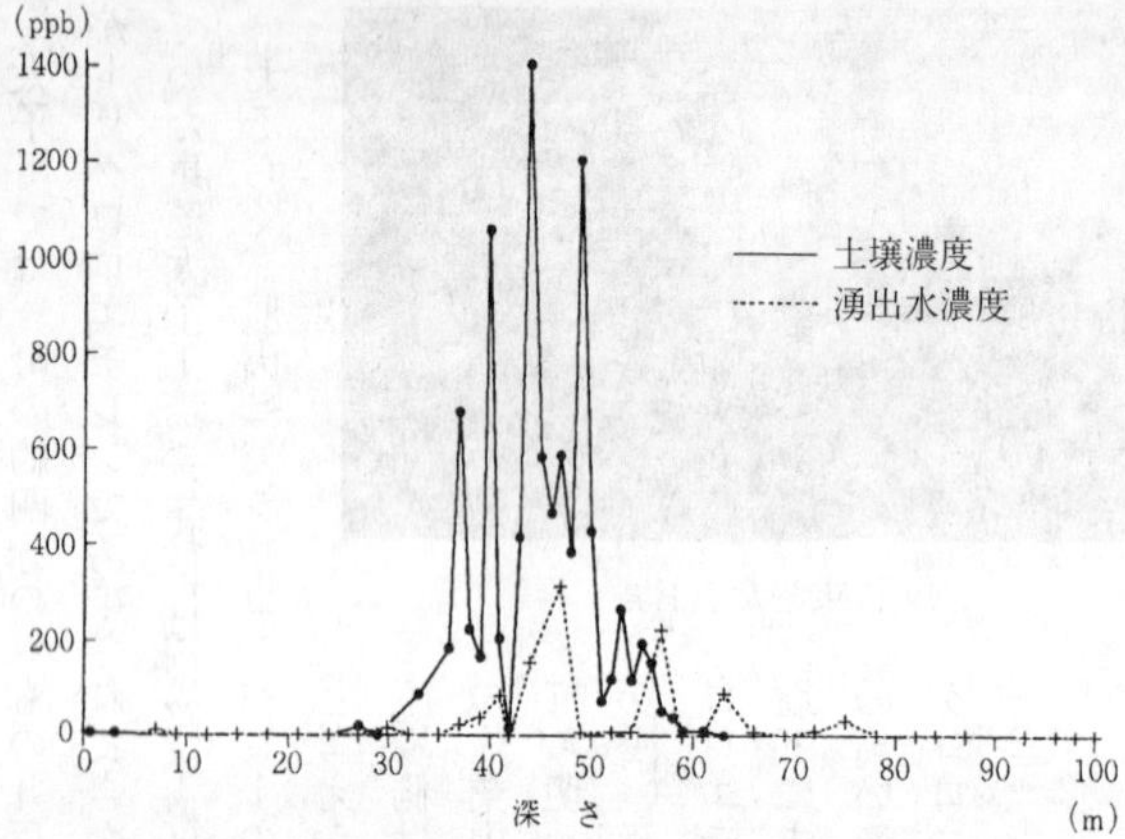

(日本水質汚濁研究協会『地下水保全対策調査』1990 年, 102 頁より)

図 3-2 東芝太子工場ボーリング地点における土壌・湧出水中のトリクロロエチレン濃度

残された課題

この問題では残された課題が大きい。まず汚染土壌の除去が不徹底である。過去にトリクロロエチレンを地下タンクで貯蔵していた問題も含め、早期に汚染土壌の原因を徹底的に解明すべきであった。これが不十分なために、汚染が永続化することになってしまったのだ。シリコンバレーのフェアチャイルド社の場合には、地下四〇メートルまで掘削して、汚染の拡散防止のために防護壁で囲んでいる。場合によって、汚染があった建物の撤去をしたうえで、浄化を行うことも必要になってくる。

それでも、東芝は「二〇〇〇年環境報告書」で、太子工場の深井戸の汚染浄化に今

太子町の曝気装置

後も継続してとりくむとしている。汚染水を汲み上げる井戸八本を掘り、その地下水を活性炭で処理する浄化装置を設置し、モニタリング用観測井戸を七本設けるとした「深井戸対策実施計画」を策定することを明らかにしている。今後の経過を見守る必要がある。

地下水汚染判明後、太子町の水道水源の井戸では、風を下から吹き上げてトリクロロエチレンを揮発させる曝気処理（現在曝気装置は老朽化している。写真参照）を行ったうえで、水道水を供給した。また個人井戸は水道水へ切り替えられた。これに対して、東芝太子工場は、正式には汚染の責任を認めず、あくまで「寄付金」として水道水切り替え費を負担したが、運転経費は支払っていない。

同じ東芝系の工場でものちに見る君津市と対応が異なるのは、東芝への依存度が高い地元自治体の姿勢によるところが大きいと考えられる。現在、太子工場は半導体製造を続けてはいるが、生産は縮小傾向にある。

東芝太子工場の事例は、原因究明と浄化対策の不徹底がいつまでも汚染を長引かせることを改めて示している。

5　ハイテク工業団地による地下水汚染――山形県東根市

ハイテク工業団地の地下水汚染

九州地方と並んで東北地方には、豊富で安価な労働力と水資源を求めて、多くの半導体関係工場が立地している。なかでも高速道路のインターチェンジや空港の近くには、部品の輸送面を考慮して「ハイテク工業団地」が立ち並ぶ風景が広がっている。

山形空港に隣接した山形県東根《ひがしね》市には、一九七六年に県が造成・誘致した大森工業団地がある。現在では、ハイテク産業を含む一六社が操業している。その東根市の地下水からトリクロロエチレンが初めて公式に検出されたのは、九一年一一月の県の調査であった。しかし、すでに八九年三月の山形放送の調査で、大森工業団地の周辺から一、一、一-トリクロロエタンが検出されていた(「ズームイン朝」八九年四月一四日放映)。

九二年度の県の調査によれば、トリクロロエチレンで地下水が汚染されている範囲は、大森工業団地の西側で扇状地の下流に位置し、東西二・五キロ、南北一キロにおよぶ。そこの三五ヶ所の井戸で基準値を超え、最高で基準値の六七倍にあたる二ｐｐｍもの高い値が検出された

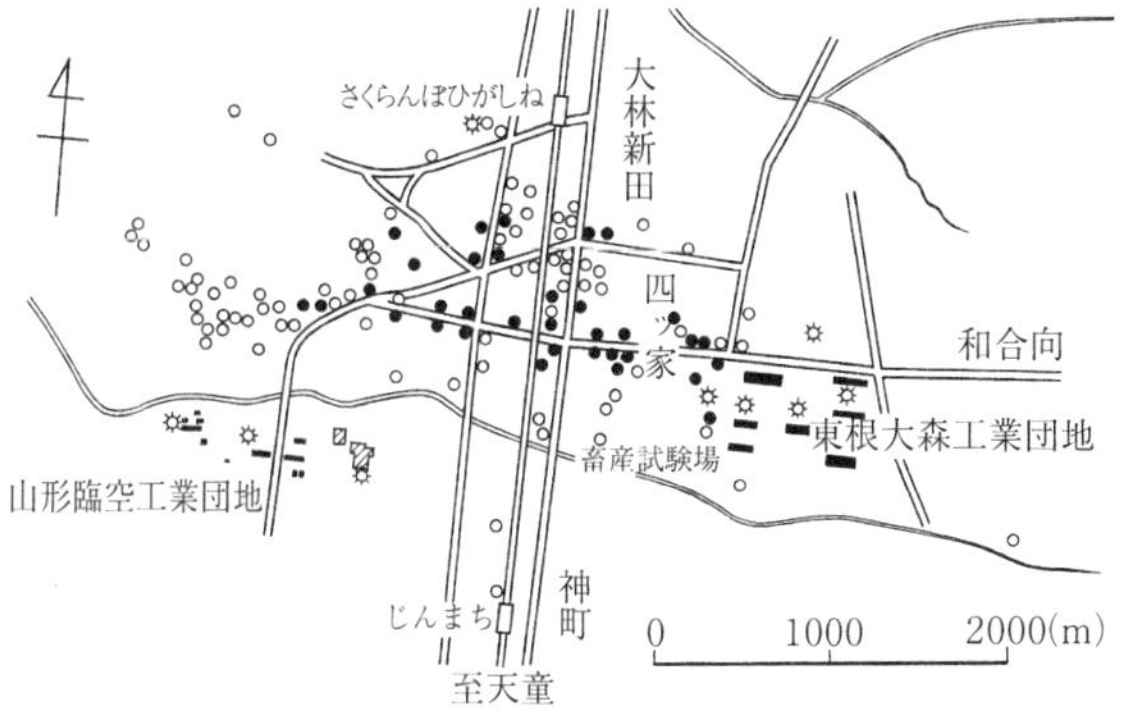

● トリクロロエチレンの評価基準値(0.03 mg/l)を超えた井戸
○ 評価基準値以下および不検出の井戸

(山形県『平成4年度地下水水質測定結果』より)

図3-3　東根市地下水調査区域

(図3-3参照)。九五年度の定期モニタリング調査での山形県の評価は、「これまでの最高濃度が検出され」、「汚染地区のうち、東根市は比較的広範囲」というものである。九九年度の調査でも、六地点が基準値を超過している。

汚染原因調査の不徹底

汚染源と見られる大森工業団地では、過去に五社がトリクロロエチレン等の有機塩素系溶剤を使用していた。その五社は公表されていないが、山形カシオ(時計・電子手帳・耐水性携帯電話など製造、従業員約九〇〇人)、東根新電元(パワーIC製造、従業員約三二〇人)、山形サンケン(半導体チップ製造、従業員約五五〇人)、山形富士通(小型ハードディスク製造、従業員約八〇〇人)、山形キンセキ(水晶振動子・水晶発振器製造、従業員約五〇〇人)である(山形放送の電話アンケートによる)。山形県はこのうち三事業所の敷地で土壌汚染を確認している。その三企業が九四年から汚染の浄化作業を進めている。

東根市は工業団地の工場と環境保全協定を結んではいるが、地下水汚染問題では予防と情報公開の効果をあげておらず、山形県が直接、調査・指導にあたっている。しかし、汚染源と汚染経路の解明がどこまで進んだかは公にされていない。

山形県は東根市以外にも、山形市、米沢市、長井市、高畠《たかはた》町、上山《かみのやま》市などで有機溶剤による土壌・地下水汚染地域を抱えている。このうち、山形市、高畠町などはハイテク産業による汚染であると見られる。

山形県では、問題が相次いだため、「生活環境の保全等に関する条例」を改定し、その第六章に「地下水及び土壌の汚染の防止に係る規制」を定めた(二〇〇一年四月施行)。そこには、特定事業場設置者は、地下水・土壌の汚染を測定・記録し、環境基準に適合しない場合には、知事に報告し、周辺影響防止に必要な措置を講じなければならないと定められている。企業の自主的とりくみを求めた積極的な内容だが、県としては、さらに国レベルでの本格的な法制度整備を望んでいる。

山形県は、福井県などと同様に、「クリーンな」ハイテク産業を誘致して、地元雇用の確保と税収増加を期待した。だが、同時に、その代償として土壌・地下水汚染という環境問題を招いた。しかも、ＩＴ製品部品の海外生産の進展につれて、ハイテクＩＴ工場の撤退が相次ぎ、誘致した企業に対して強い態度はとれないというジレンマにある。下手をすれば、汚染だけが残されることになりかねない。

6 「ハイテク汚染」浄化のモデル――千葉県君津市

君津市の汚染経路調査

千葉県君津市の地下水汚染は、全国に与えた衝撃は大きく、一九八九年の水質汚濁防止法一部改正(地下水の規制)のきっかけとなった。そればかりではない。その後、君津市の土壌・地下水汚染経路の解明とそれに基づく浄化への本格的とりくみは、全国のモデルとなったのである。

ことの発端からふりかえってみよう。東芝コンポーネンツ君津工場(従業員約五〇〇人)は、自動車用整流半導体の工程にトリクロロエチレンを使用していた。そこからの地下水汚染が、君津市の水道水源の水質調査をきっかけに、一九八七年春に判明し、翌年九月に公表された。

君津市で注目すべき点は、千葉県地質環境研究室からも専門家が参加し、地質汚染(地層汚染・地下水汚染・地下空気汚染)という新しい考えに基づいて、日本で最も綿密な汚染経路の解明調査がなされたこと、そしてそれに対応した浄化技術が開発されたところにある。

まずはじめに、現場で開発された君津式表層汚染調査法で、汚染原因場所が調査された。これによれば、高濃度の汚染分布を示すホット・スポットが、七ヶ所存在したことが判明した。その七ヶ所の汚染の原因も、年代とともに変化する工場の空中写真と従業員の事情聴取からつぎのように明らかにされた。

・地下に設けられた廃棄物捨て場への投棄(水井戸五号井付近)
・トリクロロエチレン・タンクへの給油時の漏れやこぼれ(第一製造課、第二製造課、三六号建屋の三ヶ所)
・廃液移し替え時の漏れやこぼれ(食堂前)
・廃液運搬時の漏れやこぼれ(第二製造課から食堂前までの通路)
・作業衣等の洗浄に使われたトリクロロエチレンの投棄(倉庫わき通路)

汚染経路の解明によって、地上施設からの漏れやこぼれによる地上の汚染源と、地下の汚染源との二つの汚染源があること、いわば「汚染源の二重構造」が問題を引き起こしたことがわかったのである。これらの汚染原因は、当時トリクロロエチレンを使用していた事業場では、一般的に見られるものだろう。これまで紹介してきた事例では、汚染原因はいずれも推定にとどまっており、君津市ほど詳細に確定されることはなかったといってよい。

浄化対策

人間の病気は、正確な病状の診断が行われて初めて的確な治療ができる。それと同じように、汚染経路と実態の解明に基づいてこそ、正確な浄化措置がとれるのだ。君津市の場合、浄化対策としてつぎの手段がとられた。やや細かな話になるが、きちんと見ておこう。

第一に、汚染源を除去するために、廃棄物と汚染地層の掘削除去と、汚染地層を加熱し風で乾かす処理が行われた。これによってトリクロロエチレンを揮発させて取り除いた。地下水汚染に対しては、「集水ます」井戸によって汚染水を汲み上げ、下から風を吹き上げて、トリクロロエチレンを揮発させ、活性炭に吸着させた。地下空気汚染には、空気圧を下げて地下からトリクロロエチレンを気化・捕集させる地下空気汚染吸引法が採用された。

第二に、工場内から市街地へ汚染物質が拡散するのを防ぐために、鉄板による締切（地層汚染対策）と汚染地下水が拡散しないように汲み上げるバリア井戸システムがつくられ、汚染物質や汚染地下水が地層（帯水層）から強制排出された。

第三に、市街地の地下水を含んだ帯水層に拡散してしまった汚染物質を除去するために、公共用井戸水を汲み上げ、下から風を吹き上げて、トリクロロエチレンを揮発させ活性炭に吸着させている。この水の一部は、内箕輪《うちみのわ》運動公園の親水施設に利用されている。また、生物学的浄化（トリクロロエチレンを分解する菌を使った浄化）の実験も別の場所で行われている。

こうした徹底した浄化対策を続けた結果、地下水中のトリクロロエチレン濃度は、浄化対策以前にくらべ、著しく低下した。工場敷地内では三桁低減し、バリア井戸付近では二桁低減し、市街地では数分の一（水質基準の約一〇倍程度）にまでなった。

君津市の経験と教訓

君津市のケースは、全国の地下水汚染の浄化モデルとなっている。地下水汚染の事実が一年半近く公表されなかったことへの市民の不安や批判に応えて、汚染に関する情報が、公開されている。また、調査や浄化に要する費用は、これまでに総額一二億円弱かかっているが、市の負担した費用約五〇〇〇万円を除いてすべて東芝が負担している。「汚染者負担の原則」が基本的に貫かれているのだ。

健康被害については、住民健康診断が継続して行われている。今のところ、地下水汚染が原因と見られる異常は発見されていない。しかし、東芝コンポーネンツは、住民側の内箕輪地下水汚染対策委員会（約三〇〇世帯、約一〇〇〇人）との交渉の結果、一九九二年四月、地下水汚染への賠償金三七〇〇万円を支払うことで合意した。これには、将来健康被害が起きた場合の問題は含まれていない。

君津市で行われた汚染経路の解明の方法と浄化技術は公開され、全国からの視察が相次いでいる。君津市の事例は、徹底した情報公開と、汚染経路の科学的解明に基づく汚染浄化が問題を根本から解決することをわれわれに教えてくれる。

7　条例でとりくむ地下水浄化——神奈川県秦野市

弘法の清水の汚染

君津市のほかにも、全国の地方自治体で土壌・地下水汚染問題に積極的にとりくんでいるところは多い。その大多数は、地方自治体の水道水源に地下水を利用しているところである。

神奈川県秦野市(人口一六万人)は、丹沢山地の麓にあり、「弘法の清水」をはじめ「秦野盆地湧水群」で知られている。この「水と緑の町」は一八九〇年に全国で三番目に古く水道事業を開始して以来、「天然の水がめ」である地下水で水道水源の七〇%をまかなってきた。市内に水源井戸が六〇ヶ所、配水場が三一ヶ所あり、個人井戸も普及している。

一九八九年、その清水がテトラクロロエチレンで汚染されている(三四ppb)と、写真週刊誌で明らかにされた。それ自体衝撃的な事実ではあったが、すでに一九八三年の全国の水道水源水質調査で、有機塩素系化学物質による汚染が基準値を超過している事実は確認されていた。

一九八九年の報道以来、秦野市は四つの配水場に曝気処理装置を付け、個人井戸の水道転換も進めた。有機塩素系化学物質を使用する事業所の多い工業団地は、ちょうど盆地中央部の地下水涵養域に立地している。汚染地域は、市の中心部を流れる水無川《みずなしがわ》両岸の市街地約一二平方キロである。地下水依存度の高い秦野市は事態を重視して、地下水汚染の経路解明調査にあたり、一九九〇年からボーリング調査と観測井戸を設け、汚染の監視を続けてきた。

これと並行して、市は有機塩素系化学物質を使用する事業所に公害防止協定に基づいて、立ち入り検査を行った。立ち入り検査は、地下水保全を重視する市の強い姿勢を示している。この結果、一九九二年度までに、五八社が有機塩素系化学物質の使用を中止するほか、ほかの物質への転換(二八社)、使用方法の改善(三一社)、保管方法の改善(一七社)がはかられた。

同時に市は、地下水汚染の概況をおさえようと、有機塩素系化学物質を使用してきた一三一社に対して、浅い部分の土壌調査を市の費用で行い、六三社で汚染反応を確認したのである。業種別では電気機械器具製造業、金属製品製造業、輸送用機械器具製造業が多い。ハイテクIT産業のみならず、金属加工、自動車関連部品産業も汚染源なのである。

弘法の清水

つぎに、この六三社に対して、汚染の度合いをさらに知るために、一九九一年度から順次ボーリングを含む「基礎調査」をこれも市の費用で行った。このうち汚染の程度が高い四五社は事業者自らが「詳細調査」(事業者の費用)を実施し、浄化事業にとりくんでいる。

秦野盆地は関東ローム層の土壌であるために、土の粒子が粗く、浄化法としてガス吸引法が有効であった。すでに三八社で浄化が終了し、回収された有機塩素系溶剤は約一六トンにのぼる。会社ごとの回収量には大きな開きがあり、一社で六トン以上回収した事業所もあり、数社が各一トン以上回収している。つまり、有機溶剤を使用していた量や時期が各事業所ごとに異なり、それに応じて汚染の程度と回収量も違うのである。

以上のような地下水浄化のとりくみと秦野盆地湧水群の水質改善を早める人工透析浄化事業(汚染された地下水を揚水・浄化処理し、この水を地中の元の帯水層に戻す)の成果によって、地下水汚染の範囲は次第に狭まり、「弘法の清水」も環境基準をクリアーするところまで近づいている。

地下水汚染源と目される秦野市の工業団地には、ハイテク関連の大手メーカーと関連会社が多数進出している。地下水汚染の浄化にとりくんでいる事業所名は公表されていない。市が公表しない理由は、地下水汚染に複数の汚染があるので、それぞれの企業がどれくらい汚染にかかわっているかを確定できないこと、さらに地下水保全条例の第七三条で、市の指導に従わないなどの「悪質な違反者」については公表を規定しており、一般事業所については公表を差し控えていることなどがある。

しかし、実際には地下水汚染企業が浄化事業を行っているので、周辺では汚染企業の名前は公知の事実となっているという。

日本版スーパーファンド

秦野市は水道水源の七割を地下水に依存しているので、地下水保全のために地下水利用事業者が利用協力金を支払う地下水利用協力金制度をもうけている。さらに地下水汚染をきっかけに、「日本版スーパーファンド」と呼ばれる地下水汚染防止・浄化条例(二〇〇〇年に地下水保全条例に改定)を全国に先駆けて施行している。

この条例は、事業者が有機溶剤などの規制対象物質を使用する場合に、その物質を適正に管理し、地下水の汚染を防止するとともに、現に汚染があるときは、「汚染者負担」の原則に基づいて、浄化することを事業者に義務づけている。さらに、寄付金、市の資金などを財源とする基金を設置し、浄化事業を推進することを条例の目的にかかげている。日本では、先駆的な制度として高く評価していいだろう。

秦野市は一九八九年度から二〇〇〇年度までに合計約六億七〇〇〇万円を地下水汚染調査に使った。さらに調査と浄化の基金に約八〇〇〇万円を積み立てているが、秦野市の地質汚染の浄化事業は、一九九一年に見積もられた費用の数十分の一程度で済んでいる。これは、事業者のとりくみのなかから安価で浄化効率の良いシステムが開発され、中小業者に貸与される制度ができているからだ。浄化費用が高く見積もられたのは、日本独自の浄化技術がなかったため、外国の大型装置の利用に基づく見積もりが行われたせいだという。

また、秦野市は当初、有機塩素系溶剤三物質の使用量に応じて事業者に課金して地下水保全基金への協力金を得ようとしたが、その後工場側で三物質が全廃されたために、基金への協力金は多くない。

この市では地下水依存度が高く、その地下水涵養地域にちょうどハイテク工業団地が立地したために、そこから複合的な地下水汚染が起きた。こうした状況は何も秦野市にのみ見られることではない。他の地域でも秦野市なみの調査を行えば、地下水汚染が見つかるだろう。じっさい、一九九八年に日本全国で、電気・電子事業所内で過去に使用されたトリクロロエチレン等による地下水汚染が問題となった。そのとき、滋賀県が地下水調査を行った二六事業場では、エレクトロニクス関係だけでも、表3-2のように、地下水質の環境基準を超過した多数の事業所が明らかとなっている。

秦野市がここまで先駆的なとりくみを行えたのは、水道水源の七割を地下水に依存しているという実際的な理由もさることながら、市民が「水と緑の町」を誇りにし、市のイニシアティ

表 3-2　滋賀県有機塩素系化合物使用事業所立ち入り調査結果(1999年4月公表)

事業所名(所在地)	検出物質	測定結果(ppb)	浄化対策	周辺井戸調査
三洋電機(大津市)	トリクロロエチレン	32	実施中	済み
	シス-1,2-ジクロロエチレン	380		
	1,2-ジクロロエタン	120		
関西日本電気(大津市)	シス-1,2-ジクロロエチレン	52	指導中	
日本電気硝子(大津市)	シス-1,2-ジクロロエチレン	50	実施中	
関西日本電気(甲賀郡水口町)	シス-1,2-ジクロロエチレン	110	実施中	済み
日本電気ホームエレクトロニクス(甲賀郡水口町)	トリクロロエチレン	3800	実施中	済み
	テトラクロロエチレン	32		
	シス-1,2-ジクロロエチレン	6000		
京セラ八日市ブロック(八日市市)	1,1-ジクロロエチレン	43	実施中	済み
京セラ蒲生ブロック(蒲生郡蒲生町)	トリクロロエチレン	140	実施中	済み

ブのもとで、事業者も積極的に協力したことが大きい。

ハイテクIT汚染は、いまや半導体製造工場に限らず、携帯電話、OA機器など、電子関連部品製造工場に広がっている。この問題は本章の冒頭で述べたように、金融業の不良債権に匹敵する「製造業の不良債権」といってよいだろう。

一〇年前にすでにハイテク汚染として問題が顕在化していたところでも、君津市のように情報公開と地質汚染経路調査を徹底して、浄化を積極的に進めている自治体がある一方、太子町のように、原因究明が不徹底で、いまだに浄化回復のめどがたっていないところもある。

秦野市など地下水依存度の高い地方自治体は、地下水保全条例を設け、汚染地下水を浄化回復し、貴重な資源として位置づけた。しかし、多くは、一度地下水が汚染されると、安易に水道水に転換してしまい、貴重な地下水を放棄する傾向にある。これによって、長野県のように一度歩み出した「脱ダム」の方向性が逆戻りするところも出ている。

すでに強調したように、問題はたんに地下水のみならず、土壌・地下水全体の汚染である。汚染物質も有機塩素系溶剤だけではなく、重金属、ＰＣＢ等の残留性有機汚染物質（ＰＯＰｓ）を含んでいる。したがって、こうした土壌・地下水汚染全体に対処すべき土壌・地下水保全法をつくり、汚染の調査・浄化・情報公開をはかるべきなのだが、これについては終章で具体的に展開しよう。

第4章

あふれ出る使用済みコンピュータ

粉砕機に投入される携帯電話(横浜金属提供)

1　使用済みＩＴ製品による環境問題

携帯電話の急速な普及にともなって、現在、推定では、日本全国で一日に約七万台もの使用済み携帯電話が廃棄されている（『通販生活』一九九九年春号）。これらのほとんどは、物理的に壊れて使えなくなったために捨てられるのではない。新しい機種や新製品に買いかえるために、「使用済み」とされるのである。

携帯電話だけでなく、パソコン、ＤＶＤなどのＩＴ製品は、この数年、生産・消費が急激に進み、次々と新製品が生み出されている。それと同時に、前の機種は十分使えるにもかかわらず社会的に陳腐化され、廃棄されることになる。使用済みコンピュータは、年間約一〇万トン排出されている（一九九八年）。産業廃棄物の四億トン、一般廃棄物の五〇〇〇万トンとくらべると、量的にはわずかだと感じられるかもしれない。しかし、質的にみると、ＩＴ製品は、重金属やプラスチックを含んでおり、一種の潜在的有害廃棄物だといえる。これは、環境保全と資源管理の側面から看過できない問題である。

表4-1　パソコンに含まれる主な有害物質

物　質	使用部位	廃棄量など
鉛	CRT(ブラウン管)，ハンダ	CRT 1台につき2.3 kg以上
塩化ビニールプラスチック	筐体，ケーブル	推定年間11万tが廃棄
カドミウム	プリント基板，半導体	2005年には全米の廃棄量は推定908 t以上
水 銀	バッテリー，スイッチ	2005年には全米で推定181 t
クロム	鉄の錆防止	2005年には全米で推定545 t

(『ビジネス・ウィーク』2000年6月12日号をもとに作成)

IT機器に含まれる有害物質

IT製品にはどのような有害物質が含まれているか、ここでは、パソコンを例にとって見てみることにしよう(表4-1参照)。

われわれがふだん目にしているパソコンの本体を見てみると、まずCRTディスプレイ(ブラウン管)のガラスやハンダには鉛が含まれている。放射線をさえぎるためにCRTディスプレイ一つにつき約二キロもの鉛が使われているのである。鉛は人間の中枢および末梢神経に対し、ともにダメージを与える。子どもの発育・発達にも悪影響をおよぼす。さらに、内分泌攪乱作用(環境ホルモン)もあり、取り扱いに十分注意が必要な物質である。

つぎにパソコンを解体していくと、プリント基板、コネクターなどの部品、カバー、ケーブル各種の部品にプラスチックが使われていることがわかるだろう。これらのプラスチックには、燃焼防止のために難燃剤を使用している。そのうちの臭化難燃剤が臭化ダイオキシン類と臭化フランを発生させる危険性をもつ。

とくに、難燃剤であるポリ臭化ジフェニルエーテル(PBDE)そのものに加えてプラスチックの焼却やリサイクル過程で形成される毒性の強いポリ臭化ジベンゾフラン(PBDF)とポリ臭化ジベンゾ-p-ジオキシン(PBDD)が問題となる。じっさい、リサイクリング・プラントの労働者の血液から高値のPBDEが検出された例がある。これは、内分泌攪乱物質として作用すると見られている。スウェーデンでは、ヒト母乳中のポリ塩化ダイオキシン類(PCDDやPCDFなど)の含有レベルはこの数十年で半減しているが、かわって臭化物のPBDEが急増していることがわかってきた。難燃剤はIT製品のみならず、カーテンなど広範に使われており、北極のアザラシからも検出されることからもわかるように、広く拡散している。

日本においても、国立環境研究所・廃棄物研究部長の酒井伸一氏は、臭化難燃剤を使っているテレビのプラスチック部分に、臭化ダイオキシン類が不純物として含まれていることを明らかにしている。燃やさなくてもダイオキシン類が発生する恐れを指摘しているわけである。

難燃剤という点では、ビデオディスプレイ装置に含まれているトリフェニールリン酸が室内汚染の原因となり、人間にアレルギーを引き起こすこともわかっている。さらに、難燃剤にはアンチモン酸化物が大量に使用されており、その毒性(頭痛、吐き気、下痢、神経系障害)にも注意が必要である。

パソコンのみならず、持ち運びできるIT製品の電源には各種の電池が使われている。そのうち、カドミウムと水銀は要注意である。カドミウムはニッカド電池(ニッケルとカドミウム使用)に含まれるほか、プリント基板や半導体にも含まれている。カドミウムは呼吸器からの吸入とともに、食物から吸収される。半減期が長く、体内に蓄積して中毒症状を示す。とくにイタイイタイ病として知られているように、腎臓にダメージを与える。

日本は、カドミウムの世界最大の消費国であり(九七年に世界の四四%の約七二〇〇トンを消費)、とくにニッカド電池として年間約六〇〇〇トンが出荷され、その約二〇%が埋め立て処分されている。これは約一九〇トンのカドミウムに相当する。このほかニッカド電池の回収量が約二〇%あるが、それ以外は、退蔵されたり、焼却飛散していることになる。じっさい、千葉県や茨城県のごみ焼却場周辺の水田では、産米と土壌のカドミウム汚染が確認されている。また、八五年には藤沢市の小出川流域でニッカド電池の解体工場から汚染が広がり、日本一高濃度の三三〇四ｐｐｍもの土壌汚染が発生した。

水銀は乾電池や回路抵抗器に含まれる。水俣病のように、メチル水銀は食物連鎖を通じて生体中に蓄積する。メチル水銀には慢性毒性があり、脳に障害を引き起こす。世界の水銀消費量の二二%が、蛍光灯や電池などの電気・電子製品に使われている。

IT廃棄物の処理

使用済みのIT機器は、その処理を間違えると有害廃棄物になりかねないことが、これでおわかりだろう。環境保全の点でどういった注意が必要なのかをよく考えなくてはならないのだが、ここではおおまかに、IT機器の廃棄物を焼却する場合、埋め立てる場合、リサイクルをする場合について、どういった環境問題を生み出す危険性があるのかを見ておこう。

都市ごみといっしょに焼却した場合、普通の都市ごみ中に重金属と塩素、臭素などの化合物を著しく増加させる。臭化難燃剤を低温(六〇〇～八〇〇度)で焼却すると、ほかのごみの中に入っている銅が触媒として作用し、臭化ダイオキシン類や臭化フランを発生させることになる。焼却方法の改善も重要であるが、重金属と塩素、臭素などの化合物を含んだ使用済みIT製品を一般都市ごみから分別回収することが欠かせない。従来、自治体で回収してきた家電ごみは粉砕選別されて、プラスチックの大部分は焼却されてきたが、見直しを進めるべきである。

つぎに埋め立てる場合だが、漏れのない埋め立てはありえない。とりわけ管理されない埋め立てでは、好ましくない環境問題を発生させることは間違いないだろう。とくに、有害物質の溶出と気化が問題となる。たとえば、回路抵抗器が壊れると水銀が溶出し、コンデンサーからはＰＣＢが溶出する。臭化難燃プラスチックやカドミウムを含んだプラスチックを埋め立てると、ポリ臭化ジフェニルエーテル（ＰＢＤＥ）やカドミウムが土壌や地下水に溶出する。ＣＲＴディスプレイからは大量の鉛が溶け出す。また、埋め立て場の火災によって、ダイオキシン類が発生する。

では、リサイクルをした場合はどうであろうか。たしかにリサイクルは資源の保全をはかり、埋め立て場を延命させるうえで意義がある。だが、これも適切に取り扱わなければ環境汚染を引き起こす。リサイクルは再利用とはちがい、もう一度再加工する工程が入っているからだ。すでに見たように、使用済みＩＴ製品のプラスチック部分をリサイクルするとなると、加温処理をせねばならないが、そのときにダイオキシン類とフランが発生する可能性がある。リサイクルにともなう環境問題はこれに限らない。鉛やカドミウムなどの重金属を含む場合、重金属による大気汚染の可能性がある。変圧器からのＰＣＢなど、シュレッダー過程からも汚染が発生する。

ようするに、使用済みIT製品の多様な健康・環境問題は、埋め立てと焼却を避け、分別・回収制度をつくれば、大幅に減らすことができる。しかしながら、現段階では回収率は三割程度にとどまっている。それを考えると、そもそも有害物質を製品に使用しないことが最も効果的であろう。少なくとも、有害物質を使用規制し、代替物質を早急に探し出すことが必要である。事実、EUでは、鉛、カドミウム、水銀、六価クロム、臭化難燃剤といった物質の使用を禁止する方向になっている。

2　日本の使用済みIT製品問題

日本における発生量

日本で使用済みコンピュータがどれだけ発生しているかについては、実際に調査したデータは存在しない。予測ではあるが、日本電子工業振興会の『使用済みコンピュータの回収・処理・リサイクルの状況に関する調査報告書』(二〇〇〇年版)は、日本での発生量について、購入から廃棄までの年数を事業系五～六年、家庭系を一一年と仮定して次のような数字をはじき出している。

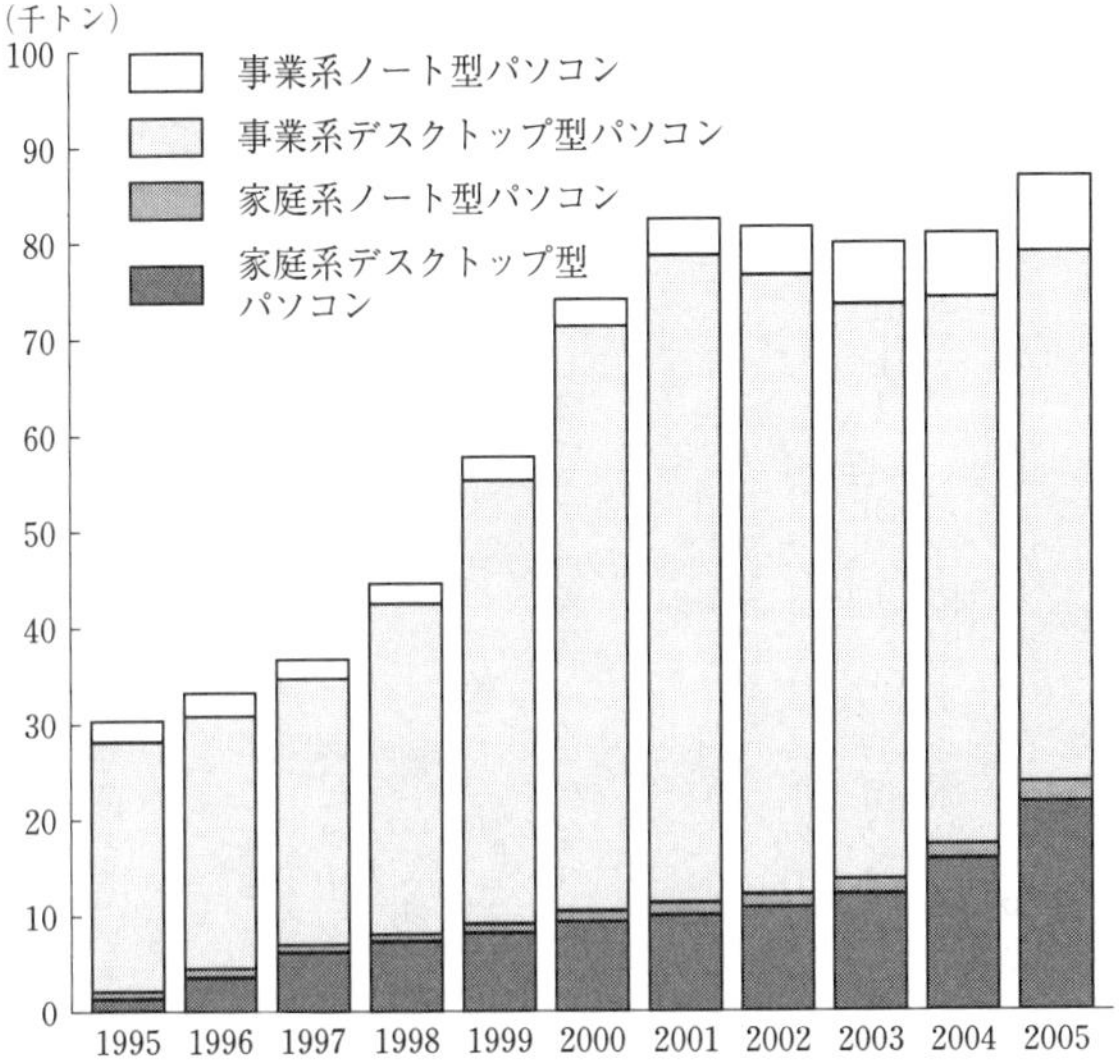

（日本電子工業振興会『使用済みコンピュータの回収・処理・リサイクルの状況に関する調査報告書』2000年版より）

図 4-1　使用済みパソコンの発生量推計

パソコンを含めて全体の使用済みコンピュータ製品の発生は、二〇〇一年度の一四・五万トン（約六〇〇万台）のピークまでは年々増加傾向を示すが、その後は製品の小型化・軽量化により一四万トン前後で横ばいになる。そのうち使用済みパソコンの発生量は、図4－1にあるように、一九九八年度には四・五万トン（約二二五万台、うち、家庭系は〇・八万トン。ただし、この数値は少なすぎると考えられる）である。一九九八年度まではわずかに増える傾向にあったが、二〇〇一年度に向けて急上昇し、その後年間八万トン前後で推移するという。これはノート型パソコンの普及によって、台数は増えても、重量はそれほど増大しないためである。

メーカー引き取り・処理・リサイクルの実態

それでは、使用済みとなったコンピュータは、実際どのように処理されているのであろうか（図4－2参照）。同じコンピュータ製品であっても、事業系と家庭系では、使用済みとなった際に、別々の扱いを受ける。事業系で約三割、家庭系で約一割しか回収されていない。

さきにあげた日本電子工業振興会の報告書によると、一九九八年度に発生した使用済み製品は、一〇・九万トンと推定された。そのうち、メーカーが引き取った使用済み製品は、全使用済み製品の三〇％強に相当する。引き取り先は事業系ユーザーからのものであった。事業系パソコンについては、メーカーによる有料リサイクルの仕組みが一応できあがってはいる。一応というのは、実際に適正処理・リサイクルできる処理業者は限られているからである。そのために、使用済みパソコンを輸出する流れも生まれているのだ。

家庭系パソコンでは、個人が中古品買取業者に持ち込んだり、一台一五〇〇円程度で自治体に粗大ごみとして引き取られて、粉砕選別処分されている。

全国自治体が回収する家庭系の使用済みコンピュータ製品は、一九九八年度の東京都（二三区）の回収量データをもとに推定すると、約〇・七万トン（約三五万台）で、割合も台数も少ない。実際には、これまで家庭系の使用済みパソコンの約一〇％程度しか実際には回収されていないとみられている。それ以外は、家庭に退蔵されたり、自治体によって処分されている。

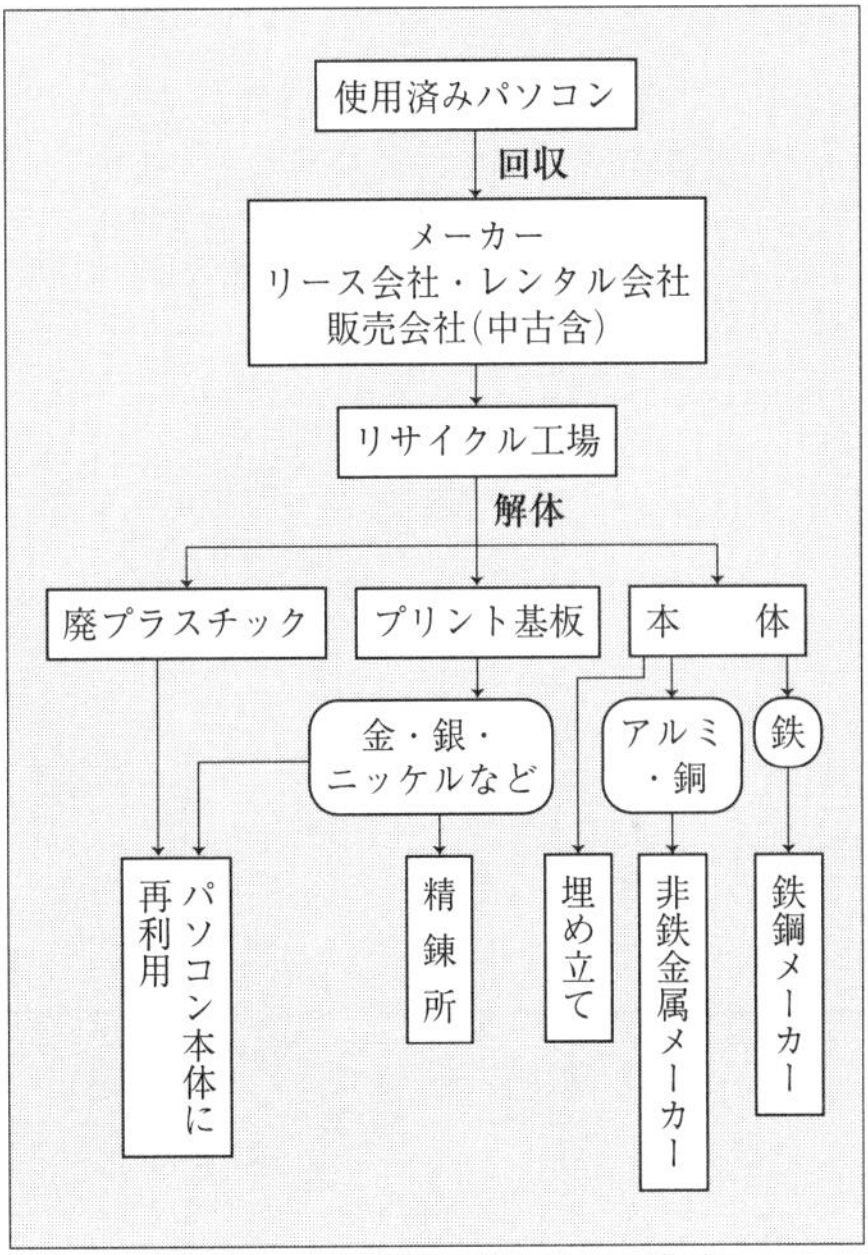

（『日本経済新聞』2001 年 5 月 13 日付より作成）

図 4-2　事業系パソコン・リサイクルの流れ

日本では、パソコンの回収処理が不十分であり、こうした事態になっているのは、EUとは異なり、メーカーによる引き取り義務と、環境保全を優先させた再利用とリサイクルの制度ができていないなかったからである。

そこでようやく、日本でも、パソコンの回収が義務化されることになった。パソコンには事業系も含まれているため、家電リサイクル法ではなく、資源有効利用促進法(改正リサイクル法)の「指定再資源化製品」として、二〇〇一年四月から回収義務の対象とされている。パソコンは、回収された後、解体され、本体とプリント基板と廃プラスチックに分けてリサイクルされる。

その再資源化目標は、デスクトップ型で五〇%、ノートブック型で二〇%である。家電リサイクル法と同様に、使用済みになった時点で処分料を支払わなければならないという規定があるのだが、家庭系については産業構造審議会で意見の調整がつかず、結論が先送りされたままだ。

パソコン・リサイクルの環境上の問題点

パソコンのリサイクルを実際に行っていくうえで、環境保全上、留意しなければならないのは、電子基板とディスプレイの部分である。ディスプレイはＣＲＴと液晶とに分かれる。ＣＲＴディスプレイはテレビのブラウン管とほとんど同じもので、共通の環境上の問題を抱えている。両方とも鉛を含んでいるからだ。

田中信壽氏・関戸知雄氏（北海道大学大学院工学研究科）らは、家電製品を起源とする鉛汚染について詳細な研究をしている。それによれば、家庭系粗大ごみ全体の鉛含有濃度をはじき出した結果、粗大ごみ中には一トン当たり二〇四八グラムの鉛が含まれており、そのうちの九〇％はテレビに由来していることが明らかになった。テレビに含まれている鉛のほとんどはCRTディスプレイ（ブラウン管）に使用されている鉛ガラスのものである。

そこで、CRTディスプレイのリサイクルを行う場合、鉛部分をどうするかが問題となる。現在では、鉛をガラスから分離するのではなく、鉛ガラスとして再利用しようとしている。日本でも、二〇〇一年四月から家電リサイクル法が施行され、テレビなどの使用済み家電四品目が回収されるようになり、リサイクル率も設定されている。

つぎに、液晶ディスプレイのリサイクルについて見てみよう。現在、パソコンのディスプレイはCRTから液晶に転換してきている。しかし、液晶ガラスにも有害物質の問題がある。ヒ素が含まれているものがあるのだ。

液晶ガラスをつくるには、製造工程で発生する「泡」をきれいに取ってしまう清澄という技術が不可欠である。亜砒酸《あひさん》は清澄効果が最も高いのでよく使われる。そのため、液晶ガラスには重量一％程度ものヒ素が残留してしまう。ヒ素中毒になると、一般に全身衰弱感、神経痛、皮膚障害、貧血、肝腫、白血球減少などが生じる。ヒ素を使わない清澄プロセスも開発されているが、現在この新しい方法で生産されるのは、液晶ガラスの三〇％にすぎない。

また、液晶はインジウム・スズ化合物が主成分であり、インジウムの毒性にも注意する必要がある。

以上、パソコン・リサイクルについて見てきた。技術面では、リサイクルできるように製品をあらかじめ設計することで、部品の性能向上に応えられるようにしたり、また有害物質の代替品を開発するといった方向に向かっている。さらに、社会制度面では、メーカーによる引き取り回収体制を確立すること、そして焼却と埋め立て、および環境汚染をもたらしかねないリサイクルに対する規制を行うことが必要なのだ。

回収率三五％の携帯電話問題

いまや、日本における携帯電話の普及台数は六〇〇〇万台を超えたといわれ、なお増加を続けている(図4-3参照)。世界全体で三ヶ月に一億台近くも売れる電気製品は携帯電話をおいてほかにはない。平均保有期間は二年以下、商品開発のスピードも速い。すでに電話の枠を超

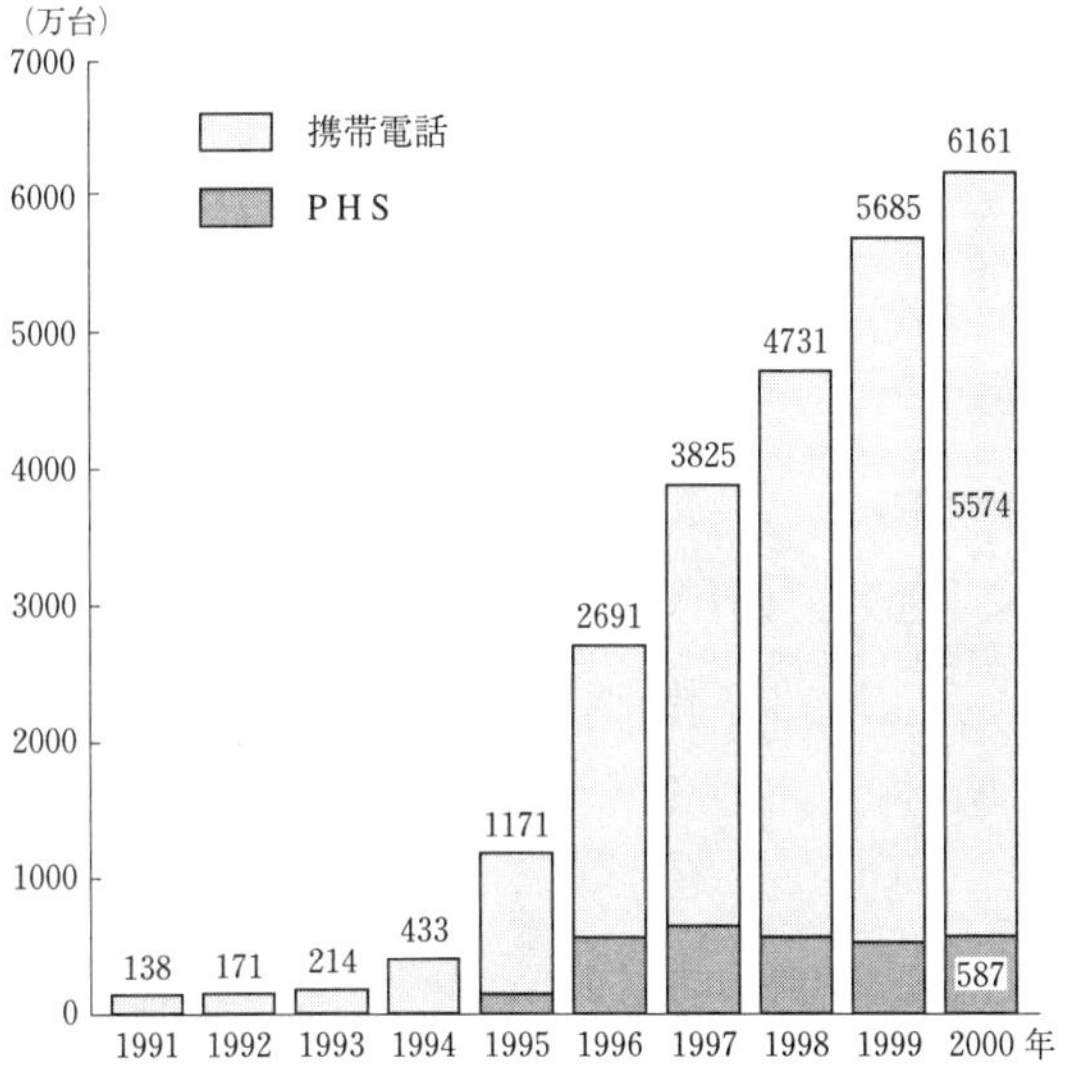

※ 2000年は9月末
（電気通信事業社協会・通信機械工業会『携帯電話・PHS端末に関するリサイクルの取り組み』2000年12月より）

図4-3　携帯電話の普及動向

え、モバイル・マルチメディアとして進化を遂げている。NTTドコモのiモードのように、次々に新しい機能が付け加えられる。電話そのものが使えなくなるわけではないのに、「時代遅れ」になってしまうのだ。

　正確なデータは不明だが、この章の冒頭でも述べたとおり、日本では一日に七万台の携帯電話が廃棄されているといわれる。一台当たりの重さも一〇〇グラムを切り、家庭のごみにまぎれて廃棄されている可能性は高い。

携帯電話の電子部品には、ガ

リウムヒ素や重金属が使われている。廃棄されると、それらが溶け出し環境を汚染する恐れがある。また環境保全上の問題と同時に、希少金属のパラジウムなども失われるという資源管理上の問題もある。柳沢幸雄氏(東京大学教授)の研究によれば、国内で廃棄される携帯電話は二〇一〇年までに累積で六億台に達し、内部の半導体に使われるヒ素の総量は九三キロにのぼると予測される(『読売新聞』二〇〇一年二月一七日付夕刊)。猛毒のベリリウムも銅合金として電子部品のばね材料に使用されている。

もともと、携帯電話はレンタル制であったが、一九九四年から売り切り制になった。売り切り制といっても、実質二万円以上する携帯電話本体の費用を顧客は直接には負担しない場合が少なくない。街角で「携帯電話機、今なら一円」といった広告を見る読者も多いのではないだろうか。携帯電話機の費用は、利用者が後から支払う通信利用料金によって回収しているのだ。利用者は、電話機への費用負担感が少ないために、紛失もしやすく、すぐに新機種に交換したり廃棄したりしてしまう。

各通信事業者は自主的に電池や本体の回収を始めている。売り切り制とはいえ、番号書き換えなどで顧客との接点があるからである。NTTドコモの場合、一九九九年度で携帯電話・自動車電話・PHS端末を約五九〇万台、電池を約四九〇万個回収しているが、それでも回収率は四割程度であるとみられる。

クリーン・ジャパン・センターの報告によれば、一九九八年の携帯電話の見かけ上の廃棄台数(年度生産台数マイナス加入増加台数)は二六五〇万台にのぼる。これは、一日七万台廃棄説に符合する数字だ。そのうち三五%程度は販売業者によって回収されるが(表4-2参照)、残りの六五%程度のうち半数は廃棄され、ほかの半数は退蔵されていると推定される。また、二〇〇一年初めには携帯端末メーカーの部品在庫と、売れ残りの流通在庫を合わせて一億台近い在庫が眠っている可能性があるという。

表4-2　1998年度の携帯電話の回収実績

	回収対象 (A)* (単位:トン)	回収実績 (B) (単位:トン)	回収率 (B/A×100) (単位:%)
本　体	3,362	1,180	35.1
電　池	1,157	447	38.6
充電器	4,657	683	14.7

*回収対象数=前年度末契約数+当年度出荷台数−当年度末契約数(重量は個数に平均重量を乗じて算出)

(電気通信事業社協会・通信機械工業会『携帯電話・PHS端末に関するリサイクルの取り組み』2000年12月より)

携帯電話回収システム

回収後のプロセスを見てみよう。

NTTドコモの場合、顧客から使用済みの端末を受け取った後、電池をとり、種類別に分けて、分別・解体する中間処理業者に渡され、さらに非鉄金属メーカーなどで金属回収される(図4-4)。有価売却できるにしても、それを上回る回収・運搬コストがかかり、一台当たり一〇〇円程度の持ち出しともいわれる。しかし、一台で実費二万円以上もする携帯電話が相当割り引いて販売されている現状を考えると、この程度の回収費用は支払えるのではないだろうか。

携帯電話には金・銀・パラジウムなどの貴金属が含まれ、金鉱石とくらべても重量当たりの含有率は高い。じっさい、たとえば横浜金属(相模原市)は、廃棄携帯電話を一キロ当たり約一二〇~一五〇円で買い取って金・銀などの貴金属を回収している(横浜金属にとっては携帯電話の取り扱い比率はわずかである)。しかし、これは回収・運搬されてはじめて、それだけの資源価値があるということであって、そこまでの回収・運搬システムとコストが最大の焦点となる。

さて、次世代携帯電話が今年(二〇〇一年)から登場した。メモリーカードさえあれば、電話機を替えても同じサービス内容で継続利用できるようになる。だが、通信事業者と顧客との接点が少なくなるため、回収は困難となるだろう。

また、今後、通信事業者が携帯電話を直接販売することを止めることになると、消費者はメーカーから電話機を購入するようになる。その場合、携帯電話の実質的なコストを消費者が負

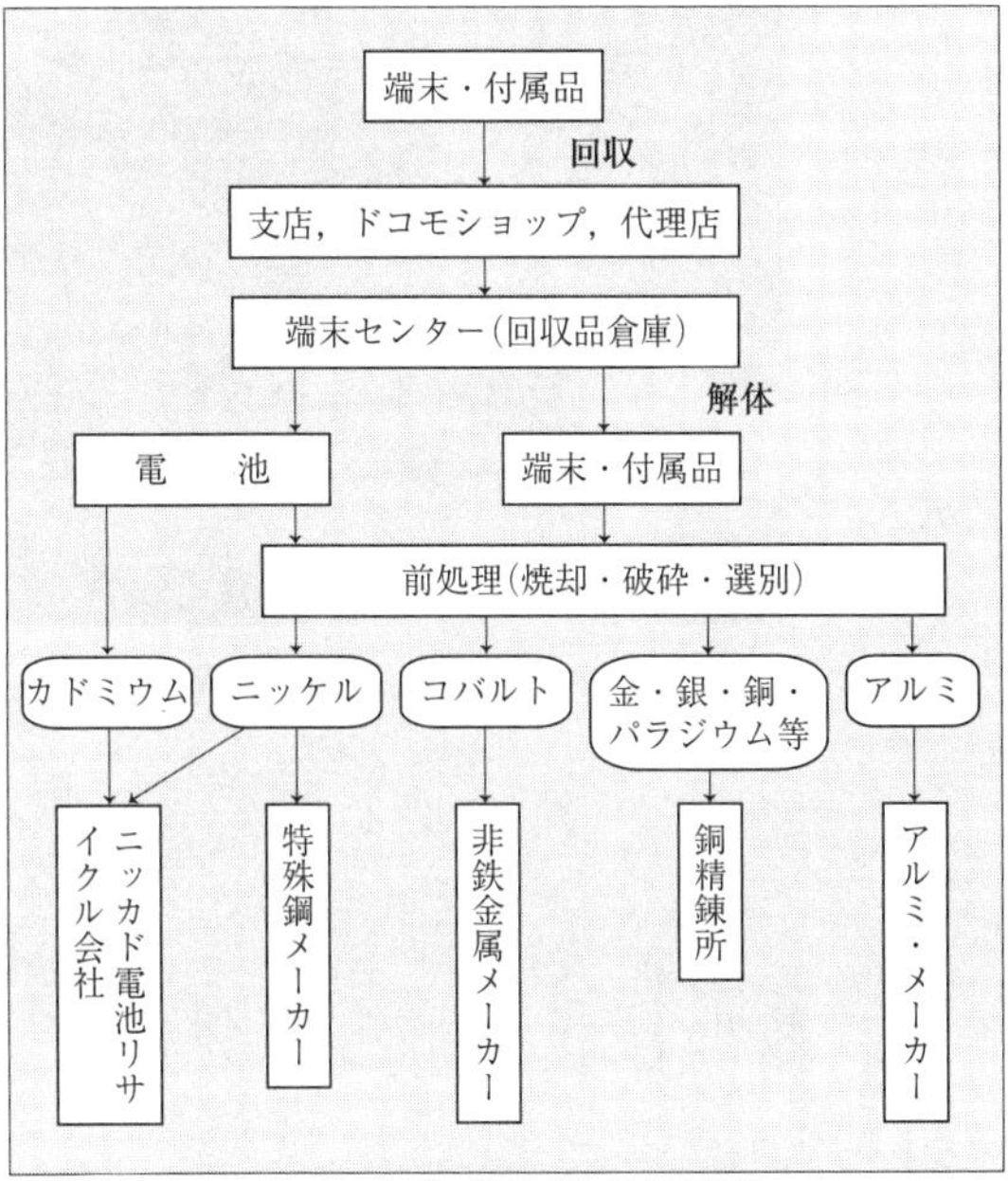

(『日経コミュニケーションズ』2000年8月21日号)

図4-4　携帯電話リサイクルの流れ

担するようになれば、携帯電話の中古市場ができてくるだろうし、さらに海外でも使用可能になると、現在のような通信事業者が回収するリサイクルの形態は継続されない可能性がある。したがって、通信事業者と電話機メーカー、そして利用者が協力して回収システムをつくることが重要となる。

家電リサイクル法では、携帯電話のリサイクルはまだ予定されていない。だが、

携帯電話の充電器の解体作業（横浜金属提供）

すでに携帯電話の普及が進んでいる北欧諸国では、どの事業者と契約を結んでいても、またどのメーカーから端末を買っていても、電話機を一元的に回収・リサイクルするような団体をつくりつつある。各電話機メーカーが後で費用を負担するようになっているが、日本でも参考になるだろう。

こうして携帯電話の回収・運搬システムを確立しながら、再利用（リユース）とリサイクル（再生利用）の技術的改良を組み合わせて進める必要がある。

まず、再利用については、たとえば電池の形状と脱着部品を共通化すれば、回収の際に電池を取り外すだけで三〇％は廃棄物を削減できる（なお、現在のリチウムイオン電池は爆発の危険性があるので、対策が必要である）。リサイクルについては本体プラスチックと電子部品の取り外しを可能とする構造にし、プラスチックの共通化を進めればよいだろう。有価金属の回収技術はすでに確立している。

3　使用済みコンピュータ問題に直面するアメリカ

一四％のリサイクル率

アメリカは世界最大のパソコンの使用国であり、普及率も高い。そのアメリカでこれまでに買われたコンピュータのすでに四分の三が使用済みになっている。

使用済みコンピュータについて詳細な調査を行った全米安全協議会の報告（一九九九年）に基づくと、アメリカの家庭の半数以上がパソコンを保有しており、寿命も短くなっている。一九九七年には四〜六年であった平均寿命は、二〇〇五年には二年になると推定される。二〇〇五年までに市場に新しいコンピュータが一台出ると、それに対応して一台のコンピュータが古くなるのだ。

使用済みとなったコンピュータは、アメリカではどうなっているのだろうか。一九九九年には二四〇〇万台のコンピュータが使用済みとなったが、そのうちリサイクルされたのは、一四％（三三〇万台）のみである。残りの二〇〇〇万台以上は、埋め立てか焼却か輸出か退蔵されたことになる。ＣＲＴディスプレイのリサイクル率も決してよくない。八〇年以降、現在までにおよそ三億台のCRTディスプレイが売られたが、九七年で見ると一三〇万台がリサイクルされたにすぎない。その年には、中国へ約一〇〇万台が輸出された。

他方で、アメリカは、中古のパソコン市場も発達している(内田誠『さまよえる廃棄パソコン』に紹介あり)。これは使用済みで廃棄する前に、もう一度使用する方法である。中古のパソコンを学校に寄付して再活用する活動も盛んである。

現時点で全米の埋め立て地に捨てられている鉛の四〇%が、CRTディスプレイかテレビに使用されたものである。これらの製品には一台につき二キロ以上の鉛が使われている。とくにCRTディスプレイは鉛を多く含んでいる。また、ハイテクIT製品の廃品として捨てられるプラスチックは毎年四五万トンもある。その四分の一は、ポリ塩化ビニールである。

中国へ輸出されるパソコンごみ

アメリカは、使用済みになったコンピュータを海外にも輸出している。とくに台湾や中国への輸出がめだつのだが、その実態は把握が難しい。というのは、国内でリサイクル業者に売っても、その最終の行き先がわからないからだ。

パソコンごみの輸出で利益を上げるには、輸出先の労働コストが安く、しかも規制が緩いことが条件である。サンノゼでの電気・電子スクラップ回収のパイロット・プログラムによれば、アメリカ国内でリサイクルするよりも、中国にCRTディスプレイを輸出するほうが一〇分の一のコストですむ。有害廃棄物の越境移動を規制するバーゼル条約(一九八九年)では、使用済みコンピュータは、鉛・水銀・カドミウムなどを含むので有害廃棄物と見なされ、一九九八年以降は回収目的の輸出も規制されるようになった。しかし、アメリカはバーゼル条約を批准していない。これからも二国間協定で輸出を続ける方向である。

中国大陸に運ばれた使用済みコンピュータはどう処理されるのだろうか。

細田衛士氏(慶應義塾大学教授)の調査によれば、広州などの沿岸部では、華僑グループによって、アメリカや日本などからの輸入ルートがつくられているという。持ち込まれた電子基板は焼却されて、鉛などの金属回収が行われている。

なお、日本から中国への使用済みコンピュータ類の輸出は、一九九八年度に「金属及び電子機器のくず」三万二四〇〇トンとして輸出申請があったが、バーゼル条約の規制で、それ以降は輸出申請の承認がされていない模様である。しかし、たとえば、電子機器リサイクル企業のタオオ(東京都中央区)は、回収したパソコンを中国・香港のリサイクル拠点で解体・分別し、中国などでリサイクルする計画である。中国は人件費が安く、金属と再生品などの需要も多いからだ。

4　ヨーロッパの先進的なとりくみ

オランダの使用済み家電処理システム

環境問題へのとりくみが進んでいるヨーロッパのなかでも、とりわけオランダは環境保全に熱心な国である。現実的で費用をあまりかけずに効果のある手段を、企業と政府とＮＧＯの三者が交渉に基づいて実行する国として知られている。

使用済み家電とコンピュータ問題でも、後で見るＥＵ指令案のもとになるシステムをつくり、すでに二年の実績をもつ。この先進的な制度ととりくみについて紹介しよう。

日本では、二〇〇一年四月から家電リサイクル法が実施されている。しかし、使用済み時に消費者が処理費用を支払う制度となっているため、不法投棄を招きやすく、しかも現在のところ、テレビ、冷蔵庫、エアコン、洗濯機の四品目に限られているという問題点がある。それに対して、オランダでは、処理料金が製品価格と明確に区別される形で新製品にあらかじめ課金され（冷蔵庫で約二〇〇〇円）、それが回収費用に回され、使用済み家電製品も小売店と自治体の双方の回収ルートを両立させるシステムとなっている。

一九九九年から開始されているオランダ使用済み家電処理法は、製品と原料を可能な限り再利用し、環境リスクを最小化させることを目的として制定された。

その柱は、①製造業者・輸入者に使用済み家電を引き取る義務を課したこと、②その実績を大臣へ報告せねばならぬこと、③回収した使用済み家電を焼却し、また埋め立てすることを禁止したこと、④使用済み製品を新品と交換するとき、供給者は無償で引き取り義務を負うこと、⑤使用済みのさい、最後の使用者は支払い義務を免除されること、⑥フロンを含む冷蔵庫・冷凍庫を商業目的でストックしたり、輸出することを禁止すること、などである。回収した使用済み家電を回収拠点に出す前に中古市場に回してもよい点、製造責任者が不明の使用済み製品を自治体が回収し、費用は基金から支払うことも、この制度の特徴である。

各製品種類ごとに再使用・回収率(重量比)が定められている。これは、このあと述べるEU欧州委員会指令案と同じ、コンピュータ六五%、白物家電七五%、ブラウン管七〇%である。

一九九九年の実績では、回収率(当年の販売量分の回収量)は冷蔵庫一〇〇%超過、大型白物(洗濯機)二〇%に対して、情報機器七〇%、小型白物(オーブンやコーヒーメーカー)一〇%、テレビ六〇%で、自治体が八〇%を回収している。地方回収拠点は六〇ある。回収した製品のリサイクル処理や運搬は、別に契約した専門会社が当たっている。

システム全体の運用にかかる費用の約三分の一以上は運搬と回収に、他の三分の一は処理コストにかかる。他は管理と広告のコストである。国土の狭いオランダでも、処理コストよりも運搬と回収に費用がかさむのだ。日本では、処理方法の部分に関心が集中しがちだが、実際はいかに効率的に運搬回収できるかということに、システムの成功はかかっているのである。

なお、オランダの家庭からのパソコンや携帯電話の回収費用は、「費用の内部化」によって、メーカーが支払うようになっている。回収システムそのものは、他の家電と同じように自治体から回収・処理会社へ委託されるため、回収分に応じてメーカーが後から支払う。

オランダの家電リサイクル工場

オランダの使用済み家電処理システムは、EU指令案を先取りした内容をもち、環境保全と資源の有効利用をめざしている。既存の廃棄物処理回収機構を生かしながら費用の効率化をはかりつつ、現実に柔軟に対応し、かつ不法投棄を防ぐ効果をもっているのだ。今後、回収と運輸の地域委任化、コスト削減、中古品市場の確立、回収状況のモニタリング、処理の安全実施（アスベストと放射線対策）、小型品の回収などに課題を残している。

ＥＵの指令案

ＥＵは現在、このオランダの制度をモデルにしながら、使用済みの電気・電子製品をリサイクルするための全体的なシステムを構築しているところである。二〇〇一年五月現在、欧州委員会が提案した国家レベルの法律にあたる指令(Directives)案を欧州議会で修正可決し、閣僚理事会と最終調整中である（表４－３）。

使用済み電気・電子製品（ＷＥＥＥ）指令案の内容を見ると、日本よりも進んだ内容となっている。①メーカーによる引き取り義務、②有害重金属（鉛、水銀、カドミウム、六価クロム）とハロゲン系難燃剤の使用禁止、③リサイクル率の設定（欧州議会案では、コンピュータ七〇％、ブラウン管七〇％、白物家電八五％）を柱としている。

それから、日本は対象品目を当初四品目に限定して、再商品化率（リサイクル率）も五〇～六〇％に止まっているが、ＥＵは、すべての電気・電子製品に拡大している。つまり、包括的で

表 4-3　EU の使用済み電気・電子製品指令案の変遷

第 1 次指令草案（1998 年 4 月）	・生産者（含輸入業者）による引き取り業務 ・再利用・リサイクルの義務化（ただし家庭廃棄物については加盟国の裁量） ・これにともなう追加費用の生産者負担 ・鉛や水銀など有害物質の段階的廃止
欧州委員会最終案（2000 年 6 月）	・生産者の再利用・リサイクル率と期限の緩和（2004 年→ 2006 年，冷蔵庫等大型機器 90%→ 75%，テレビ 70%→ 50%） ・パソコン等の IT 機器の再対象化（65%） ・再生率の新設（含サーマルリサイクル） ・回収施設以降の家庭廃棄物費用負担の開始は施行 5 年後
欧州議会案（2001 年 5 月）	・回収費用はメーカーの負担が原則 ・有害物質の使用禁止（2008 年→ 2006 年） ・すべての電気・電子製品を対象 ・再利用率の上昇（冷蔵庫 75%→ 85%，IT 機器 65% → 70%，テレビ 50%→ 70%）

（山口光恒『地球環境問題と企業』岩波書店，278 頁をもとに作成）

環境保全を優先したリサイクル政策が打ち出されているのだ。

この指令案の背景には、使用済み電気・電子製品が急速に増加している現状がある。ヨーロッパで九八年に、一般廃棄物の四％に当たる六〇〇万トンの使用済み電気・電子装置が発生している。現在も年率三〜五％で増加しており、一二年で倍増する勢いである。

しかも、それが有害な物質を含んでいるために、適正に前処理しなければ、大きな環境問題を引き起こすことを指令案は強調している。現状では九〇％以上が前処理されないで、埋め立て・焼却・回収されているために、多様な汚染物質が生じているのだ。

したがって指令案の目的は、使用済み電気・電子製品から発生する汚染から土壌・水・大気を保全するために、廃棄物の発生を回避すること、発生するものについてはその有害性を減少させることである。

日本の家電リサイクル法と大きく異なっているのは、この点である。つまり、日本の制度はあくまで資源の有効利用と適正処理の促進をめざしているのに対して、ＥＵの制度は、有害性のある物質の管理に最大の力点を置いているのだ。

二〇〇一年五月の欧州議会の議決では、使用済み家電製品の回収・処理費用は、メーカー側の費用の内部化でまかない、二〇〇六年までに鉛、水銀、カドミウム、六価クロム、臭素系難燃剤のＰＢＢ（ポリ臭化ビフェェエル）とＰＢＤＥを使用禁止にする方向であるが、同時に高融点ハンダ中の鉛や電機製品ガラス中の鉛などは、除外されている。

これらオランダをはじめとするＥＵのとりくみは、環境保全を優先させ、メーカーに引き取り回収義務を課し、包括的な体制をめざしている点で、日本の進むべき方向性を示している。

5　台湾のとりくみ

リサイクル費用を強制徴収する台湾

アジアでは台湾の制度がもっとも進んでいる。

前にもたびたび述べたが、日本の家電リサイクル制度は、廃棄時に消費者が処理費用を支払うしくみになっているために、消費者の意欲をくじき、不法投棄を招きやすいという批判が多い。これに対して、日本よりも三年ほど早く九八年三月に開始された、台湾のパソコン・リサイクル制度と家電リサイクル制度(対象品目は日本と同じ冷蔵庫、エアコン、洗濯機、テレビの四品目)では、オランダの制度と同様に、新製品を購入したときに一定の費用を製品価格に上乗せして強制的に徴収される。消費者が支払ったリサイクル費用(製品の一～三%相当)は、メーカーや輸入業者が販売量に応じて指定の金融機関に納め、環境保護署(日本の環境省)の監督下の「資源回収管理基金」に組み入れられる。

この制度は、統一的な資源回収管理基金のもとに、包装容器廃棄物などを含め合計約三〇品目を扱う非常に大規模な制度である。基金はすでに発生している廃棄物回収のための補助金としても使用でき、資源回収への経済的刺激となる。パソコン・リサイクルは三社、家電リサイクル会社は六社が設立された。消費者は回収拠点にもってくれば、たとえば、一台につき約三五〇円が払い戻される。パソコンの場合、回収率は約七〇%で、年間約三億円以上の剰余金をあげている。

台湾のパソコン・リサイクル工場

この画期的な制度には大きな成果が見られるが、課題も多い。各メーカーは、価格に上乗せした分から料金を基金に支払えばそれでよいということになり、メーカー側にリサイクルを考慮した設計をとらせる刺激が働きにくいのだ。過小申告の問題もある。また、回収した資源のリサイクル率もテレビで約六〇%と決して高くなく、リサイクル過程による汚染問題への配慮もなお必要である。

一方、韓国でも、二〇〇一年から廃家電リサイクル(家電四品)制度を実施予定で、二〇〇二年からパソコンなどにも拡大される。

パソコンと携帯電話の廃棄物問題についてこの章では見てきた

が、最後につぎの三点を指摘しておきたい。これらのIT製品は、技術革新のスピードが非常に速い。しかも携帯電話の場合、大衆消費財としての性格が強く、大量生産・大量消費の結果、大量廃棄がもたらされる。現代の社会システムに組み込まれたものとして「使用済み」問題はあるのだ。したがって、まず第一に、廃棄物としての「使用済み」携帯電話の発生を抑制するには、基本的には大量生産・大量消費社会のあり方を見直す以外にない。

第二に、使用済みIT製品に関して、環境保全をはかりながら、資源を有効利用していくことが基本となる。まず製品生産の川上にさかのぼって、有害物質の使用を削減し、代替物質を開発することが不可欠である。同時に、IT製品の再利用とリサイクルを進めやすいような製品の設計をめざすべきである。

第三に、使用済みになった製品を回収する体制構築の課題である。OECDからは拡大生産者責任(EPR)が提起され、EUでは、生産者による製品引き取り義務が制度化されようとしている。日本でも早急に取り入れるべきであろう。

終　章

IT 汚染をなくすために

企業が自主的に出している環境報告書

これまでの検討からおわかりのように、IT汚染には、大きく分けて、生産過程で発生する土壌・地下水汚染などの問題群と、使用済みIT製品の廃棄物問題とがある。そこで本書の最後に、こうした環境汚染をなくすためには、どうすればいいのか、どのような考え方に基づいて、具体的にいかなる制度を構築すればよいのか、について考えてみたい。二つの問題群の解決策について検討したうえで、最後にこれからのIT技術のあり方について展望することにする。

1　土壌・地下水汚染の実態を明らかにすること

実態解明が先決

日本全体の土壌・地下水汚染は、一説には四〇万ヶ所とも推定されている。だが、その実態は、正確には解明されていない。したがって、必要な浄化措置をとっていくためには、なによりもまず、汚染の実態を明らかにしていくことが大前提となる。

しかし、これまで具体的に見てきたように、地下水を水道水源として使用しているところを別とすれば、汚染の実態を積極的に解明して浄化にとりくもうとするところは、多くはない。

しかも、一度汚染が明らかになると、安易に地下水を放棄して、水道水に転換することで解決済みとしてしまうところも少なからず見られる。しかし、汚染はそのまま残ってしまうし、地下水として利用していないところでも、今後は都市再開発への障害となる。

では、土壌・地下水汚染の実態をどうやって明らかにすればよいのだろうか。

企業の自主的な情報公開

現行の水質汚濁防止法では、地下水汚染があっても、調査し行政に報告する義務はない。したがって、工場が汚染の事実をつかんでいても、公表しないところが多い。

たとえば、さきに取り上げた福井村田製作所の場合、一〇年前に武生工場で地下水汚染があったのを機に、系列の工場についても調査、浄化対策を行っている。しかし、県や住民には通報されなかったため、白山《しろやま》工場から一〇〇メートル離れた民家では、基準値の六倍近くの地下水を飲用し続けていた。これについて、地元の『福井新聞』(一九九八年一一月一四日付)は、「今回のトリクロロ汚染では、法整備が求められる中、企業のモラルに頼っている地下水監視行政の実態がさらけ出された格好だ」と指摘しているが、まったくその通りであろう。

日本各地で汚染実態が明らかにされるなかで、自主的に調査公表する企業も少数ながら増えている。たとえば、富士ゼロックスはあとから述べるISO一四〇〇一の取得準備過程で土壌調査を行ったが、その結果明らかになった土壌・地下水汚染について、『環境報告書二〇〇〇』で公表している。その「土壌・地下水の浄化」という項目では、つぎのように述べている。

一九九五年に全生産事業所の土壌ガスを測定したところ、岩槻事業所の土壌の一部からテトラクロロエチレン等が検出されました。引き続き岩槻事業所敷地内の九一個所で土壌ガス調査を行い、汚染地域の特定をするとともに、調査井戸一八本を設置し、地下水の汚染調査も行いました。一九九七年には、米国の専門調査機関に依頼し、環境・健康への影響評価も実施しました。これらの調査結果を基に、一九九八年に岩槻事業所の揮発性有機化合物による汚染状況と、短期間での浄化計画などを公表するとともに、ホットポイント上にあたる稼動中の大型図面用複写機生産ライン(F棟)を撤去するなどから浄化作業を開始しました。

この後、報告書は、F棟地下土壌の浄化、周辺土壌の浄化、地下水の浄化について説明し、「二〇〇一年八月には終了できる見とおし」と述べている。浄化作業に一五億円、生産ラインの移設に一五億円の、合計三〇億円の大掛かりな工事で、短期に浄化を終らせるためにとられた措置である(『日経エコロジー』一九九九年九月号、一〇三頁)。

同じように、外資系企業である日本IBMも『IBM環境・ウエルビーングプログレス・レポート二〇〇〇』で、IBMが世界的規模で地下水汚染の浄化を進めていることについて触れ、日本国内では藤沢事業所での土壌地下水汚染と浄化対策を詳しく説明している。

この二例は、米国系企業のグローバル・スタンダードに基づいてなされた環境情報公開であろう。

日本企業の情報公開

日本企業では、行政当局の指摘を受ける前に、汚染の事実を公表したところは数少ないが、OA機器メーカーのセイコーエプソンは、一九九九年九月、諏訪市にある本社工場の地下水汚染(基準値の一万倍)を明らかにし、『セイコーエプソン一九九九環境報告書』で浄化対策を合わせて示している。また、ミノルタも、『ミノルタ環境報告書二〇〇〇』で、堺と狭山事業所で有機塩素系溶剤が地下水汚染を引き起こした事実(各々基準値の一六三倍、一二〇倍)とその浄化対策を説明している。

一九九七年一〇月の名古屋分工場の土壌汚染問題をきっかけに社会的批判を受けた東芝は、全社的に環境管理の規定を見直した。また、全事業所で土壌汚染の実態調査を実施し、合計八工場で判明した汚染について、関連自治体を通じて住民に公表している。九九年度に東芝が土壌汚染修復にかけた投資額は約一五億円で、「この投資をしなければ工場を維持することができないという認識で取り組んでいる」(『日経ビジネス』二〇〇〇年一〇月二三日号、四九頁)という。

同様の問題ととりくみは松下電器グループについても見られる。だが、同社の環境報告書では、事業所の名前と具体的状況について詳しく触れられていない。環境情報公開の点で不十分であろう。これに対して、三菱電機の『環境レポート二〇〇〇』は地下水問題へのとりくみとして、二九事業所中、九事業所で汚染を確認したこと、有機塩素系化合物の使用を全廃することを説明している。

滋賀県の調査によって、地下水汚染が基準超過している事業所が判明したことは第三章で述べたが、そこで名前が出た、関西日本電気(大津市)や日本電気ホームエレクトロニクス(甲賀郡水口町)、京セラ(八日市市、蒲生町)などは各々の環境報告書でその事実に具体的に触れていない。地域住民の不安を解消する意味でも問題であろう。

いまや、地下水汚染などのネガティヴな情報であっても包み隠すことなく公開することによって、その企業の評価が高まる時代となっている。市民にとって必要な情報を隠すことが、最大の批判の対象となるのは、環境汚染でも不良債権でも同じである。

情報公開と環境監査制度ISO一四〇〇一

現在、世界で企業がISO一四〇〇一という環境管理システム監査の認証を取る動きが広がっている。この認証は、各工場の環境管理を改善する手がかりとなっているが、情報公開を進めるという面ではどんな意味があるのだろうか。

国際標準化機構(ISO)は、工業製品の規格などを取り決める民間の国際的な団体である。写真フィルムのアーサー四〇〇(感度)などもISOの規格である。その規格のなかで、各工場の環境管理に関するシステム構築について監査する規格が一四〇〇一である。日本のJIS規格にもそのまま翻訳されている。

とくに日本では、企業が社会的なイメージ・アップと工場の環境管理の向上をめざして、この認証を取得する動きがあとを絶たない。認証取得工場数は世界一で六〇〇〇を超えている。なかでも電気機械部門が熱心である。これを取得することは確かに、環境管理の質的向上につながることは間違いない。しかし、いくつか注意しなければならない。

第一に、この認証取得はシステム監査であって、あくまで環境方針(法規遵守、文書化)・計画・実行・チェック・改善事項のくりかえしとその実行システム構築に重点がある。したがって、環境パフォーマンスの監査ではないので、この認証取得自体が「環境に優しい」ことを証明するものではない。もちろん、環境関連の法規遵守は重要項目にあり、じっさい、ISOの認証取得の過程で、汚染が発見されたところも多い。他方で、すでに認証を取得している工場からダイオキシン類や有機溶剤の汚染が発見された事例が多く存在し、そのため認証機構にクレームが寄せられている。

第二に、認証機構の独立性と第三者性にも疑問が残る。通常、認証機構は環境関係のコンサルタント業務を兼ねている場合が多く、監査対象の工場側を顧客としている場合もある。行政が直接に関係しているわけではないのだ。

第三に、環境情報公開の問題がある。ISOでは、環境方針を市民に公開するように企業に義務づけてはいない。EUの環境管理・監査システムであるEMASのように、第三者公認環境検証人により検証された環境声明書のかたちでの情報公開も定めていない。したがって、ISOも環境情報公開の方法を検討中であり、その行方が注目される。

ようするに、ISO一四〇〇一を取得したからといって、それがすぐさま企業の情報公開の姿勢につながるというわけではないのだ。

PRTRによる情報公開

化学物質の汚染に関する情報公開制度として、PRTR(環境汚染物質排出移動登録、Pollutant Release and Transfer Register)が、OECDの勧告に基づき、日本では二〇〇一年度から実施されている。これは「有害性のある化学物質は、どこから、どれだけ環境中に排出されているか」を知るための制度である。

対象としてリストアップされた化学物質を製造したり使用したりしている事業者は、環境中に排出した量と、廃棄物として処理するために事業所の外へ移動させた量とを自ら把握し、行政機関に年一回届け出る義務を負う。行政機関は、そのデータを整理・集計し、また家庭や農地、自動車などから排出されている対象化学物質の量を推計して、二つのデータを合わせて公表する。

これによって、環境保全上の基礎データを蓄積し、行政が対策の優先度を決める際の判断材料を提供できるようになる。また、事業者が自主的に化学物質の管理の改善を進めることになり、さらには、化学物質の排出状況・管理状況について国民が理解を深めることにもつながることなどが期待される。

PRTRによって、事業所ごとの情報公開に制度的保証が与えられる。この意義は大きい。これまでの試験的事業によって、たとえば、大気中への溶剤排出量(トルエン、キシレン、塩化メチレンなど)が大きいことが明らかになっている。しかしながら、中小企業を対象外とする「裾きり」が行われているために、ドライクリーニング業者、ガソリンスタンドなどが含まれず、また実測値とともに大幅に推計値が認められているなどの課題がある。

以上をまとめると、汚染についての情報公開に必要なこととは、環境報告書やISO一四〇〇一といった企業の自主的とりくみはもちろんのこと、それだけではなく、国レベルのPRTRなどの制度を充実させること、またそれに対応した自治体と市民の関心や運動が欠かせないのである。

2 誰が汚染浄化をするのか

土壌・地下水汚染防止と浄化制度のない日本

ハイテクＩＴ工場のみならず、町工場や廃棄物処分場、さらには有害物質が含まれる残土などが引き起こす土壌・地下水汚染に対しては、日本にはこれまで対処する法制度が存在してこなかった。一九七〇年には、イタイイタイ病問題などを背景に、世界に先駆けて農用地土壌汚染防止法が成立した。しかし、農用地以外については、いまもなお正式な法制度が存在しないままである。

一九九七年から改正水質汚濁防止法が施行されており、都道府県知事が汚染原因者に対して浄化措置を命ずることができるようになっている。だが、これも、あくまで飲用地下水の汚染に限定されている。しかも知事が汚染原因者を特定しなければならず、結果的には汚染を浄化・防止するうえで十分な機能をはたしているとはいえない。

土壌・地下水汚染を浄化していくには、誰がそれを行うのかという根本的な問題がある。汚染者の責任、現在の土地所有者の責任、そして行政の責任をどう定めて、誰がどこまで浄化するのかを決めなくてはならない。

アメリカのスーパーファンド法

アメリカでは、序章でも触れたように有害物質による汚染の浄化について、一九八〇年にスーパーファンド法(CERCLA)を定めている。これは、有害物質の浄化費用に関する責任を定め、責任当事者に浄化を行わせることを原則としている。一方、環境保護庁(EPA)が浄化を行った場合も、その費用をスーパーファンド(有害廃棄物信託基金)から支出し、あとから責任当事者にその費用の支払いを求める仕組みをとっている。

その責任追及の特徴を見てみると、過失の有無にかかわらず厳格に責任を追及すること、連帯責任を課して、過去だけでなく現在の土地所有者にも責任が問われること、責任者の範囲が広く、たとえば、融資した金融機関にもおよぶ、といったところが注目される。

この制度は、責任者を確定するための裁判などにかかる費用が直接の浄化費用を上回るなどの問題点を抱え、現在改正途上にある。だが、最大の成果は、企業が汚染防止に最大限の注意を払うようになり、浄化も具体的に進んでいるという点である。なお、ドイツやオランダなどでも土壌保全法が制定され、浄化が行われている。

地質環境保全法の提起

こうした状況をふまえ、日本でも「地質環境保全法」や「市街地土壌汚染浄化法」が研究者から提起されている。簡単にその内容を紹介し、私の考えを述べよう。

前者の地質環境保全法(私案)は、日本地質学会環境地質研究委員会の鈴木喜計氏(君津市環境部)や楡井久氏(茨城大学教授)が提案している。

これまでの土壌・地下水汚染に加えて地下空気汚染までを含めた「地質汚染」という概念に基づいて、土地所有者の情報公開義務と行政による土地履歴の管理を定め、国・自治体・国民の責務として汚染防止・浄化・基準設定・補償・情報公開を提案している。環境基準を超えたところで対策を取りはじめ、汚染値を環境基準以下にすることを浄化目標とする。費用は汚染者負担を原則としたうえで、基金制度をつくり一部財政援助も行う。汚染の責任について過去にさかのぼらないことが原則であるが、運用で過去の責任を実質的に問う、という内容になっている。

これに対して、法学者の大塚直氏(学習院大学教授)は、市街地土壌汚染浄化法を提案している。

概況調査は行政が行い、詳細調査は私人が行う。環境基準を一定程度超える大きい値を浄化対策の発動基準とする。つまり、環境基準を超えただけでは直ちに浄化はしない。それは、地下水経由の汚染の場合は汚染が拡散され、公共への危険が間接的であり、環境基準を超えたのみでは差し迫った危険であるわけではないからである。責任原理としては故意か過失かにかかわらず、過去にさかのぼって汚染原因者に責任を課す。土地所有者については、汚染原因者の不明、不在、無資力の場合にのみ、副次的に責任を問うようにする。土地所有者や開発事業者が浄化をした場合には、原因者にその費用を求償することができる。責任者不明・無資力の場合に備え、基金を設けるとともに、汚染地登録制度をつくる。

私は責任原理については、大塚案に基本的に賛成であり、土地所有者の情報公開義務と行政による土地履歴管理については、地質環境保全法案に賛成である。

まず、「汚染者負担の原則」については、しっかりと確認しておくべきである。これまでは、私有地であるからという理由で放置され、これほどの汚染の広がりを招いたのである。私有地であっても汚染が境界を越えて拡大するという点では他の大気汚染や水質汚濁とまったく同じである。

第三章で見たように、IT生産工場でも「汚染者責任」を明確にして敷地外へ広がった汚染を調査して浄化する企業は少なく、浄化井戸の運転経費が公的基金でまかなわれる例は多い。汚染浄化の技術と資金をもっていながら、IT汚染を放置しているIT生産企業はまだ数多いのである。

日本の土壌・地下水汚染は、すでに述べたように、「製造業の不良債権」としての性格をもっている。この問題は、一歩誤ると、公的資金の大量投入を招きかねない。ここでも「汚染者負担の原則」を貫くことが、財政危機に直面する日本において必須であり、今後、土壌・地下水汚染を発生させない抑制的効果となるのである。

序章で見たように、シリコンバレーのＩＴ汚染では、スーパーファンドの法制度に基づいて土壌・地下水汚染の浄化が続けられている。この制度は、安易に公的資金にたよることなく、責任当事者に費用負担を求める仕組みをとっている。この点は見習うべきである。裁判の多発などの問題点はあるが、これはアメリカ特有の「訴訟社会」という事情によるものであろう。

「汚染原因者」が不明、不在、無資力の場合には、大塚案のように、土地所有者に副次的責任が生ずると考えるべきだろう。これは土地所有者には土地管理責任があり、所有の権利とともに管理の責任も生ずるからである。

中小企業などの場合には、浄化資金の貸し付けや基金の設立も必要になってくる。これは秦野市の地下水保全条例によるとりくみが参考となる。親会社の責任も当然問題とすべきであろう。

さらに、前者の地質環境保全法にあるように、土地所有者の情報公開義務が不可欠なのはいうまでもない。現実に土壌・地下水汚染があっても、調査と情報公開の定めがないと、汚染の広がりを確定し、浄化を行わせるきっかけがないからである。この規定が設けられれば、日本全国に四〇万ヶ所と推定される土壌・地下水汚染が明るみにされ、浄化が促進され、土地取引も活発化するであろう。

地方自治体のとりくみと国レベルでの動き

土壌・地下水汚染問題では、自治体のとりくみが国に先行し、法律よりも条例が進み出ている。たとえば東京都は、公害防止条例を改正して「環境確保条例」(二〇〇〇年一二月)を制定した。そこでは、土壌・地下水汚染防止の項目を設け、有害物質を取り扱っていたり、過去に取り扱ったことのある事業者に対し、工場などの廃止の際に土壌・地下水汚染状況を調査し、知事に届け出ることを義務づけている。汚染状況が一定の処理基準を超えている場合は、汚染拡散の防止のための措置を講じなければならない。さらに、有害物質を取り扱っていなくとも、一定面積以上の土地の開発行為などを行う際は、過去の利用履歴などを調査して知事に届け出、汚染拡散を防止することを義務づけている。

また、埼玉県では、一九九八年度に実施したトリクロロエチレン取り扱い事業所の一斉調査の結果、一〇六事業所で土壌ガスが検出され、これを一九九九年初めにインターネットで公表している。しかし、その後、詳細調査を始めた事業所は約三割にすぎなかった。そこで、県としては国レベルでの土壌汚染対策の新たな法制度の創設を要望している。

こうした自治体の動きを受けて、国レベルでも、二〇〇〇年末には「土壌環境保全対策の制度のあり方に関する検討会」が環境庁(現環境省)に設置され、本格的な法制度準備に向けたとりくみが始められている。

3　ＩＴ機器のリサイクルを進める

ＩＴ汚染にかかわる第二の問題群である、ＩＴ製品の廃棄物対策について、今後の方向性をまとめておこう。

二〇〇〇年に制定された循環型社会形成推進基本法にあるように、まずそもそも廃棄物を発生させないこと、つまり発生抑制(リデュース)が廃棄物対策の基本である。つぎに、使用済みになった場合でも、部品などを修理して再利用(リユース)することである。それができないときには、加工しなおし再生利用(リサイクル)をする。そして再利用も再生利用もできないときには、環境保全に留意して焼却して熱回収する。最後に埋め立てなどの適正処分を行う、という優先順位で進めていくことである。

ＩＴ製品の場合には、まず発生抑制に関して、携帯電話の事例で見たように、商品の急速な社会的陳腐化と使用済み化に歯止めをかけ、社会的にコントロールするメカニズムが必要である。

再利用と再生利用に関連しては、すぐつぎに見るレンタル制度の検討が必要である。さらに、一般消費者も含めた使用者からのＩＴ製品引き取り・回収を製造業者に義務づけること、熱回収・適正処分のためにＩＴ製品に使用されている有害物質の使用規制・使用禁止が組上《そじょう》にのぼっている。製造業者の引き取り・回収義務と有害物質の使用禁止は、前に見たように、すでにＥＵでは法律（指令）として実施される方向である。

レンタル制度とリサイクル

ＩＴ機器のリサイクルを進めるうえでは、製品の確実な回収を行いやすいレンタル制度に光をあてるべきだろう。この典型的な実例として、富士ゼロックスのコピー機リサイクル技術を見ておきたい。

同社は、国内で回収している約一〇万台のコピー機などの自社商品を一〇〇％、素材や燃料として再利用とリサイクルをする体制を確立している。これは、閉じた輪のなかで部品・素材を循環させる「クローズド・ループ・システム」に基づいている。部品をいったん素材に戻し、再度部品化する循環(リサイクル)では消費エネルギーが多いため、使用できる部品についてはそのまま再利用しているのだ。この再利用は、環境負荷面で優れ、安定した供給が可能となる。

このシステムを動かすためには、再利用する部品の品質をチェックして、残りの期間も使えるように保証することが重要になる。さらに、再利用が不可能な部品については素材に戻し、再度自社商品への部品とする材料再利用技術が求められる。その際に、有害化学物質の削減設計を組み込まなくてはならない(渡辺富夫「コピー機」『インバース・マニュファクチャリング』工業調査会、一九九九年)。

もっとも、メーカーが所有を前提に設計し生産したうえで製品を賃貸するというレンタル制度では、通常一~二年の短期で回収され、部品も再利用しやすい。それに対して、メーカーがリース会社に販売した製品をリース会社がユーザーに賃貸するというリース方式では、通常二~三年以上の長期契約で、新機種に切り替わった後に製品を回収するために、再利用は難しくなる。だが、レンタル制度とくらべ、使用期間が長く全体の製造回数が減るためにエネルギーなどの環境負荷は低くなる可能性がある。

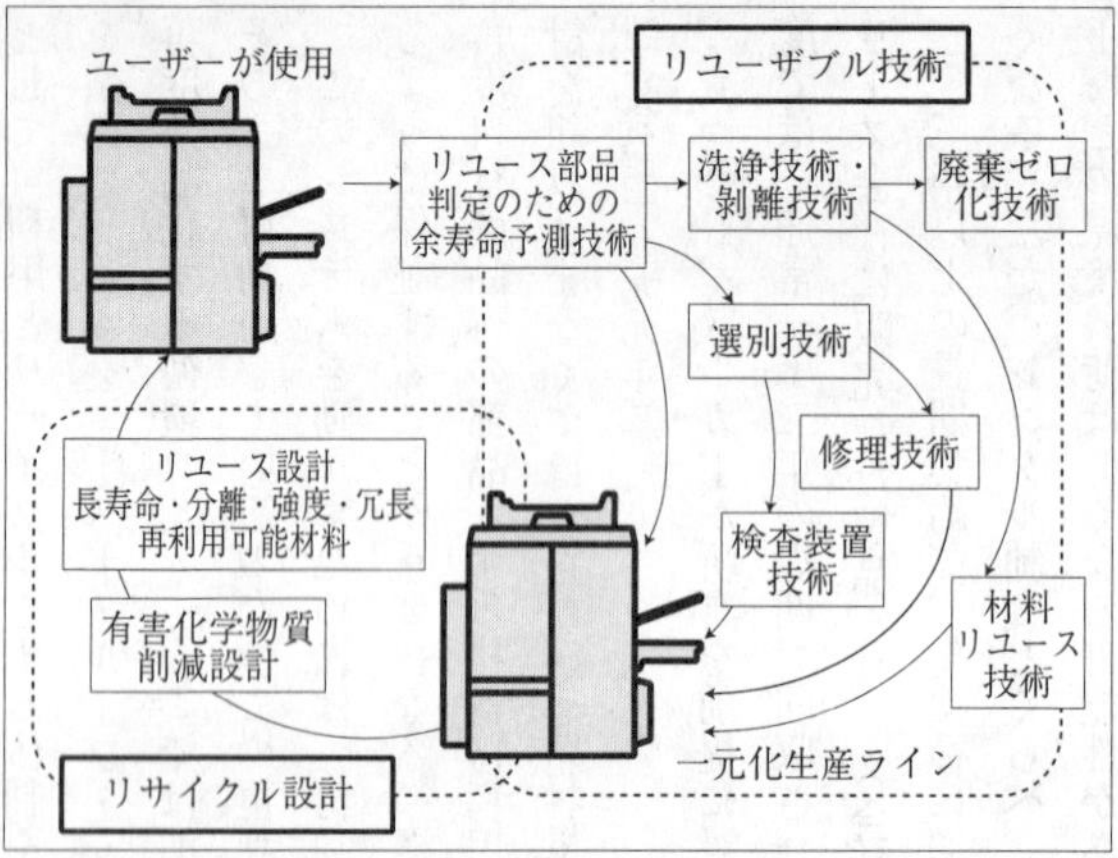

（富士ゼロックス『電子技術』1999年12月をもとに作成）

図終-1　クローズド・ループ・システムと必要技術

リース制度を左右するのが、製造業者に確実に製品が戻ってくるかどうかである。この点で、日本の現行のリース制度の多くがファイナンス・リースであり、そのため契約完了時に使用済みOA機器をユーザーに渡してしまうことが多く、必ずしも製造業者に戻るわけではない。この点が懸念される。

OECDが提起している拡大生産者責任制度(EPR)は、製品が消費者の手に渡り、それが廃棄物となったときでも生産者が責任を負うというものである。消費者が必要とするのは製品そのものではなく、あくまでそれが提供する機能である。そうだとすれば、レンタル制度やリース制度とは技術進歩に応じて機能を保証するものだといえる。しかも、確実に製造業に戻ってくれれば、回収率が一〇〇%に達し、再利用と再生利用を保証する前提条件をつくりだすことができる。しかし、同時に、リースとレンタルは新機種販売促進の手段ともなるので、本当に発生抑制・再利用に結びついているかはよく見てみなくてはならないだろう。

パソコンの再利用とリサイクル体制をつくっていく際には、企業による確実な引き取り・回収を進めていくとともに、データの確実な消去など機密保護に格段の注意が必要である。

部品再利用の模範である富士ゼロックスでも、再利用部門は赤字であるという。だが、現在四〇%の部品再利用率を五〇%以上に高められれば、黒字化は不可能ではないという。技術革新と再利用が矛盾し、再利用が優先して、新製品が売れなくなったら、生き残れないというメーカーも多い。したがって、技術革新の核となる部品の部分と、再利用部品が使える部分とをいかに組み合わせて、新しい機能を生み出していくか、企業の知恵にかかっている。

商品自体の所有から商品機能そのものの重視へ――レンタルの時代が進むべき方向はこれである。

レンタルといえば、こう考えることもできるだろう。環境自体が公共信託財であって、人間が前の世代からつぎの世代に引き継ぐべくレンタルしているものなのである。したがって、レンタルだからといってモノを大切に使うことなく、絶えず新機能を開発する手段としてレンタル制度が使われるとしたら、それは環境負荷の削減という趣旨に反するであろう。

4 「クリーンなコンピュータ」をデザインする

IT製品の生産に関係した環境問題を完全に解決するには、そもそも有害物質を用いないでパソコンをつくればよいのだし、再利用やリサイクルを進めるには、それを容易にするパソコンをつくっていかなければならない。そうした「クリーンなコンピュータ」の将来像をここで描いてみよう。

環境保全を前提にした技術こそが、二一世紀の技術であり、現在と未来の世代に対して「責任ある技術」である。

「責任ある技術」

国際的な環境NGOである「責任ある技術キャンペーン(CRT)」(Campaign for Responsible Technology)は、シリコンバレー有毒物質問題連合をはじめ、ハイテクIT汚染による被害者団体やスコットランドの半導体工場の労働者グループなどから構成され、グローバル化するハイテクＩＴ汚染問題にとりくんでいる。

ＩＴ関連の多国籍企業は労働組合の未発達な国々へ生産拠点を移すことで、有害物質の排出を世界的な規模へと拡大させている。このようなグローバル化するＩＴ生産とＩＴ汚染に対して地球環境を守るには、国際的な対応が欠かせない。「責任ある技術キャンペーン」はつぎのような具体策を提案している。

生産過程で使用される有害物質について情報公開させ、その情報を簡単に入手できるよう国際的データベースとして整備する。また、どの国のいかなる地域においても、環境基準値や労働安全衛生基準値が独立した第三者機関によって設定され、職場の安全と地域の環境保全のために、公害防止協定が結ばれるようバックアップする必要がある。

こうしてはじめて、ハイテクＩＴ技術が、世界中で、職場と地域に対して責任を持つようになると同時に、現在と将来の世代に対しても責任をはたす技術になるというのである。この立場から「責任ある技術キャンペーン」は、ＩＴの環境モニタリングやネットワーキングといった活動に積極的意義を認め、「責任ある技術」の実現に向けてとりくんでいる。

セマテック(SEMATECH)の環境・安全・健康プロジェクト

「責任ある技術キャンペーン」と大きく異なる立場にありながら、実質的に、「責任ある技術」の実現にとりくんでいるのがセマテックのプロジェクトである。

一九八七年に設立されたセマテック(SEMATECH)は、アメリカの国防総省と民間半導体メーカー一四社が共同出資し、半導体製造に関する技術研究開発のためにつくられた共同企業団体である。その目的は、一九八〇年代半ばに低下しかかったアメリカの半導体産業の競争力を回復させることにあった。

日本は、一九八〇年に超LSI技術研究組合が終結して以来、国家レベルの半導体研究に「空白の一五年」があり、ようやく一九九四年に半導体産業研究所、一九九五年に半導体理工学研究センターなどがつくられるようになった。この間、セマテックは、半導体の標準化された製造技術を開発し普及させるとともに、国際的な体制へと組織を充実拡大させた。

ここでとりわけ注目したいセマテックの成果は、半導体の技術開発目標と課題を半導体国際技術ロードマップとして毎年提示し、そのなかに「環境・安全・健康」項目(表終-1参照)をしっかりと位置づけるようになったことである。これは、セマテック設立当時、環境NGOが重点研究課題として要求したものである。そして各分野の研究成果、たとえば温室効果ガス

表終-1　環境・安全・健康関係の挑戦的課題

① **化学物質・原料・設備管理**
化学データ収集，新化学物質評価，環境管理（設備廃棄対策，廃棄物管理）
② **気候変動緩和**
プロセス設備のエネルギー使用削減（大規模ウエハー用）
製造施設のエネルギー使用削減（高度クリーンルーム用）
潜在的温暖化化学物質（PFC）の排出削減
③ **職場の安全**
設備安全性
化学物質被曝安全性（X線，内分泌攪乱ホルモン）
④ **資源節約**
水・化学物質・原料使用の削減
水のリサイクル
⑤ **環境・安全・健康の設計と計測法**
環境・安全・健康影響の評価と定量化

のPFC排出削減などが公表されている(http://www.sematech.org/public)。

私としては、アメリカの国家的な半導体開発プロジェクトの目標のなかに、「環境・安全・健康」という項目が入っていることに注目せざるをえない。アメリカは、しばしば軍事がらみのハイテク国家プロジェクトを遂行してきたが、こうしたプロジェクトさえ、「環境・安全・健康」の研究課題がまがりなりにも入っていること自体、重要な変化といえる。

クリーンなコンピュータとは何か

以上のような「環境・安全・健康」を重視したIT開発の新しい流れのなかで、とくに注目されるのが、従来の発想を抜本的に転換した「クリーンなコンピュータ」という考えであろう。

「電気製品は化学廃棄製品として考えられるべきである」とは、国連環境計画(UNEP)の考え方である。じっさい、これまで述べてきたように、IT機器は「化学工場」のなかで生産され、製品自体にも健康被害をもたらす有害物質を含んでいる。その有害物質をできるだけ減らすというのが「クリーンなコンピュータ」である。

たとえば、つぎのような実例が参考になるであろう。

・有機溶剤に替えて、二酸化炭素を用いた電子部品の洗浄法(ヒューレット・パッカード社)。
・代替原料を使って、再設計した、ハロゲン系難燃剤が不要のプリント基板(ソニー、東芝)。
・鉛を使用しないハンダの開発による、完全リサイクル可能なテレビ(松下電器など各社)。
・植物系材料(リグニン)を利用して環境負荷を低減した基板(IBM)。
・二〇秒間回して一時間使える手回しコンピュータ(オランダの会社)。一分間ハンドルを回すと三〇分聞ける手回しラジオ(ソニー)。
・機能高度化した部品を取り替えできるモジュラー・アップ・グレード・コンピュータ(東芝、富士通)。
・カドミウム、水銀、鉛、六価クロムなどの有害物質を使用しない製造方針(ソニー、NEC

など各社)。

こうした技術の積み重ねの延長上にある「クリーンなコンピュータ」は、具体的にはつぎの三つの条件を備えていなくてはならないであろう。

第一は、製品設計を再検討することである。コンピュータを何のために使うのか、たんに情報を伝達するためか、あるいは電話回線で中央大型計算機に接続するものか、あるいはインターネット型のように、異なる機種のコンピュータの緩やかな連合体か。目的に応じて製品設計が再検討されるべきである。

第二は、省エネルギーをめざすと同時に、木材のような再生資源や太陽光発電のような再生エネルギーを使う方向である。さらに、再生資源でない原料にしても、より安全なものを使用する。これは、IT製品への有害物質の使用規制・禁止の方向が強められているので、ますます必要となっている方向である。

第三は、レンタル制を取り入れて製品をアップ・グレードする方向であり、これはすでに述べてきたものである。

企業や政府による、環境負荷の少ない製品を調達する「グリーン購入」が盛んになっている現在、ハイテクIT製品についても、抜本的な再検討がなされつつある。クリーンなコンピュータをつくる力が試される時代になっているのだ。

ITと個人の福祉

一九九八年度ノーベル経済学賞を受賞したインド出身のアマルティア・センは、一人当たりの所得と人々の福祉水準(よき生活を送ること、指標としては平均寿命・識字率・自由度など)が必ずしも対応していない点を強調している(『自由と経済開発』日本経済新聞社、二〇〇〇年参照)。

これまでは、「一人当たり所得」を増すことが「個人の福祉」を向上させることになると考えられてきた。そこで所得を増大させようとして、大量生産・大量消費を推し進め、環境への負荷を増やすことで、かえって「個人の福祉」を犠牲にしてしまうことが多かった。だが、そうではない方向があるはずだ。

そこで、ITと「個人の福祉」との関係を見ると、あくまでITは手段であって、その目的は「個人の福祉」にあるはずだ。したがって、「個人の福祉」を向上させるために、そして環境負荷を下げるために、ITは使われるべきなのである。IT生産と消費によって、環境負荷が高まり、労働災害などで「個人の福祉」水準が低下するような事態は、技術利用のあり方として本末転倒である。

センは「個人の福祉」について、個人の能力を伸ばし選択の幅を広げる潜在能力(ケイパビリティ)と機能の両面からとらえている。廃棄物を大量に発生させないように、そして個人の福祉水準を低下させないように、目的としての個人の潜在能力と機能の拡大に結びついたＩＴの活用に注目していくことが、二一世紀の課題となるのではないだろうか。グローバルＩＴ化が要求しているのは、まさしくこうした方向性なのである。

あとがき

いまや日本ではブームのピークが去ったかの感のあるITである。しかし世界的にみれば、ITのうねりはとどまることを知らない流れをなしている。一〇年以上前に、『ハイテク汚染』をまとめて以来、ハイテク産業と環境問題は私の研究テーマの一環をなしてきた。

状況は大きく変わり、何よりもアジア各国が世界のハイテクIT産業の基軸となってきた。そこで、私が『ハイテク汚染』で提起した問題がその後どのように展開しているか、実際に検証してみようという意図で本書は企画された。

「百聞は一見にしかず」とは名言であると思う。私は、現地調査は事前の調査で大半は決まると考えているが、しかし「現場」には五感に訴えるものがある。現場には写真でも伝えきれない、音や臭い、そこに生きる人々の声がある。

大きく変貌を遂げたシリコンバレーと再会した環境NGOのSVTC(シリコンバレー有毒

物質問題連合)メンバー。超過密に立地した台湾新竹科学工業園区。古来のタイ寺院の隣地に立地したエレクトロニクス団地とNGOと村長。韓国洛東江の雄大な流れの上流に立地する亀尾工業団地と下流の取水場。スコットランドの高原とクライド川を背景に立地した半導体工場とNGOメンバー。日本各地の土壌・地下水汚染の現場。

いま振り返ると、私の脳裏には、こうした情景と人物が鮮やかに蘇る。その思いのたけを、できるだけわかりやすく、体系的にまとめたものが本書である。

本書のために、資料を提供され、ご協力いただいた、多くの方々に感謝申し上げたい。

シリコンバレーでは、SVTCのテッド・スミス事務局長、弁護士のアマンダ・ホーズさん、カリフォルニア大学サンフランシスコ校ジョセフ・ラドー教授、スタンフォード大学のマッカーティー名誉教授。

台湾では、中国科学院のダイジー・シャウ教授、チュアン助手、行政院環境保護署の面々、環境NGOの方々。

タイでは、ランプーン婦人健康センターの方々、サリー・テオバルド博士、バンコク日本人商工会議所、チュラロンコン大学スンニー・マリカマール教授、ILO東アジア支所の川上剛博士。

韓国では韓国環境部国際交流部の方々、大邱市のパク・ソンミンさん、大邱市水道事業本部、環境部地方支所の方々。

スコットランドでは、インバクライド助言雇用権利センターのジム・マッコート氏、ナショナル・セミコンダクターの元労働者のグレース・モリスさん。

日本国内の調査では、環境省水環境部、福島大学の中馬教允教授、君津市環境部の鈴木喜計氏、兵庫県御津《みつ》町の青木敬介氏、兵庫県太子町の桜井公晴氏、武生市の津郷勇氏、武生市役所、山形放送の芳賀道也アナウンサー、秦野市環境部の方々。

アジア諸国の調査で集めた文献の解読には、北海道大学大学院に留学中の院生諸君、金大成《キムデソン》君、江静《ジャンジン》君の協力を得た。欧米志向が強く、アジアの隣国語を解読できない日本人として私は恥ずかしく思う。なお、本書の一部に旧稿(『廃棄物と汚染の政治経済学』岩波書店、一九九八年、「循環型社会基本法下の廃棄物問題の背景と解決への展望」『廃棄物学会誌』第一二巻第一号、二〇〇一年)をもとに書きなおした部分があることをお断りしておかなければならない。

最後に、本書の原稿をお読みいただき、貴重なご意見を賜った、慶應義塾大学の細田衛士教授、名古屋大学医学部の竹内康浩教授、大阪市立大学商学部の畑明郎教授、アジア経済研究所の小島道一氏、北海道大学大学院生の杉浦竜夫君、岩波書店新書編集部の小田野耕明氏に厚く御礼申し上げたい。

二〇〇一年四月

吉田文和

参考文献

（重要なものに限り，掲載順に掲げる.）

序　章

Silicon Valley Toxics Coalition のホームページ. http://www.svtc.org

Leslie Byster and Ted Smith, "High-Tech and Toxic", in *Forum*, Spring 1999.

Jane Kay, "Bay Area's worst pollution", in *San Francisco Examiner*, December 1, 1996.

Lorentz Barrel & Drum Superfund Site, EPA Region 9, June 1998.

Shanna Swan et al., "Is Drinking Water Related to Spontaneous Abortion? Reviewing the Evidence from the California Department of Health Services Studies", *Epidemiology*, Vol. 3, No. 2, 83-93, 1992.

Lisa Croen et al., "Maternal Residential Proximity to Hazadous Waste Sites and Risk Selected Congenital Malformations", *Epidemiology*, Vol. 8, No. 4, 347-354, 1997.

"When Science isn't Good Enough", *San Jose Mercury News, West Magazine*, May 25, 1997.

David Kaplan, *The Silicon Boys*, Perennial, 1999, 邦訳『シリコンバレー・スピリッツ』ソフトバンク・パブリッシング, 2000 年.

「米大統領選 2000 豊かさの断面」『毎日新聞』2000 年 7 月 18 日付.

Sacred Waters: Life-Blood of Mother Earth, Southwest Network for Environmental and Economics Justice and Campaign for Responsible Technology, 1997.

第 1 章

ワールド・ウオッチ研究所『地球白書』2000-01 年版，第 7 章「環境のために情報技術を活かす」ダイヤモンド社.

Jan Mazurek, *Making Microchips*, MIT Press, 1999.

Joseph La Dou et al., "The International Electronics Industry", *International Journal of Occupational and Environmental Health*,

Vol. 4, No. 1, 1-18, 1998.
『半導体製造装置に関する環境ハンドブック』日本半導体製造装置協会, 1998 年.
『半導体工場ガス事故の実態と環境安全対策』サイエンスフォーラム, 1998 年.
S. W. Lagakos et al., "An Analysis of Contamination Well Water and Health Effects in Woburn, Massachusetts", *Journal of the American Statistical Association*, 81, 583-596, 1986.
通産省『工業統計表・用地用水編』(1998 年度).
日本電子機械工業会『半導体産業における廃棄物処理報告書』1998 年度.
R. Braun et al., "Genotoxicity Studies in Semiconductor Industry", *Journal of Toxicology and Environmental Health*, 39, 309-322, 1993.
Final Report to the Semiconductor Industry Association, Epidemiologic Study of Reproductive and other health effects among workers employed in the manufactures of semiconductors, 1992.
Marc Schenker, "Association of Spontaneous Abortion and other Reproductive Effects with Work in the Semiconductor Industry", *American Journal of Industrial Medicine*, 28, 639-59, 1995.
竹内康浩他「フロン代替溶剤, 1-ブロモプロパンの生殖毒性と神経毒性」『労働の科学』第 55 巻第 3 号, 2000 年.
Bruce Fowler et al., "Cancer risks for humans from exposure to the semiconductor metals", *Scandinavian Journal of Environmental Health*, 19, Suppl. 1, 101-3, 1993.
RC Elliot et al., "Spontaneous Abortion in the British Semiconductor Industry: An HSE Investigation", *American Journal of Industrial Medicine*, 36, 557-572, 1999.
『半導体製造装置に関する安全対策ハンドブック』日本半導体製造装置協会, 1998 年.

第 2 章

World Semiconductor Trade Statistics.
『IC ガイドブック』2000 年版, 日本電子機械工業会.
『通商白書』2001 年版, 第 1 章「東アジアを舞台とした大競争

時代」.
藤村修三『半導体立国ふたたび』日刊工業新聞社，2000 年.
John Mathews, Dong-Sung Cho, *Tiger Technology*, Cambridge U. P., 2000.
日本貿易振興会『東アジア半導体産業調査報告書』1999 年.
青山修二『ハイテク・ネットワーク分業』白桃書房，1999 年.
水橋祐介『電子立国台湾』星雲社，1999 年.
科学工業園区『統計季報』2000 年 9 月.
Taiwan Environmental Action Network, *Environmental and Social Aspects of Taiwanese and U. S. Companies in the Hsinchu Science-Based Industrial Park*, 2001, Section 2.
「科学工業園区で汚水が流出した区域，環境汚染が原因で生じた公害病の調査」『中国時報』地方版，2000 年 6 月 15 日.
「科学技術は環境問題に首をきつく締め付けられている」『天下雑誌』2000 年 5 月号.
「於幼華：三つの側面から環境保護を実行する」『中国時報』2000 年 7 月 21 日.
『環保動態新聞』2000 年 7 月 20 日.
行政院環境保護署『土壌及地下水汚染整治法』2000 年.
工業技術研究院『2000 半導体工業年鑑』.
Brian Sherin, "Comparative risk management for IC fabs", in *Solid State Technology*, Feb. 1998.
Jiin-Chyuan John Luo et al., "Lung Function and General Illness Symptoms in a Semiconductor Manufacturing Facility", *Journal of Occupational and Environmental Medicine*, Vol. 40, No. 10, 895-900, 1998.
徐正解『企業戦略と産業発展』白桃書房，1995 年.
L. Kim, *Imitation to Innovation*, Harvard Business School Press, 1997.
日本貿易振興会『APEC 加盟国・地域の電気・電子産業』1999 年.
大邱広域市『上水道事業九十年』1993 年.
服部民夫「韓国—大邱水質汚染事件」小島・藤崎編『開発と環境—東アジアの経験』アジア経済研究所，1993 年所収.
韓国『環境白書』1999 年版.
地球・人間環境フォーラム『日系企業の海外活動に当たっての環境対策(マレーシア編)』2000 年.

『タイの電子工業』電子タイムズ，1998 年.
和田攻『金属とヒト』朝倉書店，1985 年.
小島延夫「タイ北部工業団地で労働者が相次ぎ死亡」『消費者レポート』第 917 号，1994 年.
「戦後五〇年」『朝日新聞』1994 年 8 月 17 日付.
“Govt Report on Deaths in North Comes under Fire”,『バンコク・ポスト』1995 年 1 月 20 日付.
末廣昭『キャッチアップ型工業化論』名古屋大学出版会，2000 年.
Sally Theobald, *Embodied contradictions : organisational responses to gender and occupational health interests in the electronics industries of northern Thailand*, University of East Anglia, 1999.
地球・人間環境フォーラム『日系企業の海外活動に当たっての環境対策(タイ編)』1999 年.
日本機械輸出組合『アジア地域における日系企業がかかえる環境問題』1996 年.

第 3 章

『我が国における土壌汚染対策費用の推定』土壌環境センター，2000 年.
『福井県環境センター年報』第 23 巻，1993 年.
「工場敷地から有機溶剤」『福井新聞』1993 年 7 月 7 日付.
「鹿沼の井戸水汚染，どんな影響が―不安広がる」『下野新聞』1990 年 8 月 8 日付.
「わたしたちの 15 年(31)」『朝日新聞』2000 年 8 月 20 日付.
中馬教允「福島盆地南部の有機塩素系溶剤による地下水汚染について」福島大学特定研究『自然と人間』第 3 号，1992 年.
「水／街で」『朝日新聞』2001 年 4 月 17 日付.
山形県『平成 7 年度地下水水質測定結果』.
君津市環境部『地質汚染浄化対策事業・第一次報告書』1993 年.
秦野市環境部『改訂版・名水秦野盆地湧水群の復活に向けて』1998 年.

第4章

Commission of the European Communities, *Proposal for a Directive of the European Parliament and of the Council on Waste Electrical and Electronics Equipment, on the restriction of the use of certain hazardous substances in electrical and electronics equipment*, 12. 6. 2000.

"Are old PCs Poisoning US ?", *Business Week*, June 12, 2000.

酒井伸一「有機臭素系のダイオキシン類縁化合物」『廃棄物学会誌』第11巻第3号2000年.

「TV部品にダイオキシン」『読売新聞』2000年6月17日付夕刊.

Andreas Sjodin et al., "Flame Retardant Exposure : Polybrominated Diphenyl Ethers in Blood from Swedish Workers", *Environmental Health Perspectives*, Vol. 107, No. 8, 643-648, 1999.

Koidu Noren, "Certain organochlorine and organobromine contaminants in Swedish human milk in perspective of past 20-30 years", *Chemosphere*, 40, 1111-1123, 2000.

Hakan Carlsson et al., "Video Display Units : An Emission Source of the Contact Allegenic Flame Retardant Triphenyl Phosphate in the Indoor Environment", *Environmental Science & Technology*, 34, 3885-3889, 2000.

日本電子工業振興会『使用済みコンピュータの回収・処理・リサイクルの状況に関する調査報告書』2000年版.

関戸知雄・田中信壽他「家庭系粗大ごみ中に含まれる鉛量の推定」『土木学会論文集』第671号, 2001年.

「商品の墓場」『通販生活』1999年春号.

「ケータイ普及で廃棄物も急増」『読売新聞』2001年2月17日付夕刊.

「全国にちらばる"金鉱石"携帯電話」『日経エコロジー』2000年9月号.

クリーン・ジャパン・センター『再資源化技術の開発状況調査報告書(携帯電話の再資源化技術の開発状況調査)』2000年.

電気通信事業者協会・通信機械工業会『携帯電話・PHS端末に関するリサイクルの取り組み』2000年.

Electronics Industry Roadmap, Microelectronics and Computer Technology Corporation, 1996.

参考文献

National Safety Council, *Electronic Product Recovery and Recycling Baseline Report*, 1999.
内田誠『さまよえる廃棄パソコン』岩波ブックレット，1999 年.
Disposal of White and Brown Goods Decree, 1998.
European Parliament, *Use of certain hazardous substances in electrical equipment*, 15 May 2001.
台湾行政院環境保護署「廃物品及容器回収清除廃理弁法」「廃電子電器物品資源化処理方式」2000 年.

終　章

「広がる汚染土壌浄化ビジネス」『日経エコロジー』1999 年 9 月号.
「顕在化する土壌・地下水汚染」『日経ビジネス』2000 年 10 月 23 日号.
ISO　http://www.ecology.or.jp/isoworld/iso14000
EMAS　http://europa.eu.int/comm/environment/emas
PRTR　http://www.env.go.jp/chemi/prtr
鈴木喜計「地質環境保全法(その二)法案大綱(私案)」日本地質学会環境地質研究委員会『第九回環境地質学シンポジウム講演論文集』1999.
大塚直「市街地土壌汚染浄化をめぐる新たな動向と法的論点」『自治研究』第 75 巻第 10 号・第 11 号，1999 年，第 76 巻第 4 号，2000 年.
International Technology Roadmap for Semiconductors, 1999 edition.
渡辺富夫「コピー機」『インバース・マニュファクチャリング』工業調査会，1999 年.
「メーカー主導の“静脈”に期待，技術革新とリユース両立に壁」『日経エコロジー』2000 年 9 月号.
吉川弘之『逆工場』日刊工業新聞社，1999 年.
Amartya Sen, *Development as Freedom*, Knopf. 1999，邦訳『自由と経済開発』日本経済新聞社，2000 年.

吉田文和

1950年 兵庫県生まれ
1978年 京都大学大学院経済学研究科博士課程修了
現在—北海道大学大学院経済学研究科教授
経済学博士
専攻—環境経済学，産業技術論
著書—『三井資本とイタイイタイ病』(共著，大月書店)
『環境と技術の経済学』(青木書店)
『マルクス機械論の形成』(北海道大学図書刊行会)
『ハイテク汚染』(岩波新書)
『廃棄物と汚染の政治経済学』(岩波書店，平成11年度廃棄物学会著作賞受賞)
The Economics of Waste and Pollution Management in Japan, Springer-Verlag，近刊
訳書—『統合ドイツとエコロジー』(共訳，古今書院)
『東アジアの環境問題』(共訳，東洋経済新報社)
連絡先 yoshida@econ.hokudai.ac.jp

IT 汚染 岩波新書(新赤版)741

2001年7月19日 第1刷発行

著 者 吉田文和《よしだふみかず》

発行者 大塚信一

発行所 株式会社 岩波書店
〒101-8002 東京都千代田区一ツ橋2-5-5

電 話 案内 03-5210-4000 営業部 03-5210-4111
新書編集部 03-5210-4054
http://www.iwanami.co.jp/

印刷・三陽社 カバー・半七印刷 製本・中永製本

ISBN 4-00-430741-4 Printed in Japan

岩波新書創刊五十年、新版の発足に際して

岩波新書は、一九三八年一一月に創刊された。その前年、日本軍部は日中戦争の全面化を強行し、国際社会の指弾を招いた。しかし、アジアに覇を求めた日本は、言論思想の統制をきびしくし、世界大戦への道を歩み始めていた。出版を通して学術と社会に貢献・尽力することを終始希いつづけた岩波書店創業者は、この時流に抗して、岩波新書を創刊した。

創刊の辞は、道義の精神に則らない日本の行動を深憂し、権勢に媚び偏狭に傾く風潮と他を排撃する驕慢な思想を戒め、批判的精神と良心的行動に拠る文化日本の躍進を求めての出発であると謳っている。このような創刊の意は、戦時下においても時勢に迎合しない豊かな文化的教養の書を刊行し続けることによって、多数の読者に迎えられた。戦争は惨澹たる内外の犠牲を伴って終わり、戦時下に一時休刊の止むなきにいたった岩波新書も、一九四九年、装を赤版から青版に転じて、刊行を開始した。新しい社会を形成する気運の中で、自立的精神の糧を提供することを願っての再出発であった。赤版は一〇一点、青版は一千点の刊行を数えた。

一九七七年、岩波新書は、青版から黄版へ再び装を改めた。右の成果の上に、より一層の課題をこの叢書に課し、閉塞を排し、時代の精神を拓こうとする人々の要請に応えたいとする新たな意欲によるものであった。即ち、時代の様相は戦争直後とは全く一変し、国際的にも国内的にも大きな発展を遂げながらも、同時に混迷の度を深めて転換の時代を迎えたことを伝え、科学技術の発展と価値観の多元化は文明の意味が根本的に問い直される状況にあることを示していた。

その根源的な問は、今日に及んで、いっそう深刻である。圧倒的な人々の希いと真摯な努力にもかかわらず、地球社会は核時代の恐怖から解放されず、各地に戦火は止まず、飢えと貧窮は放置され、差別は克服されず人権侵害はつづけられている。科学技術の発展は新しい大きな可能性を生み、一方では、人間の良心の動揺につながろうとする側面を持っている。溢れる情報によって、かえって人々の現実認識は混乱に陥り、ユートピアを喪いはじめている。わが国にあっては、いまなおアジア民衆の信を得ないばかりか、近年にいたって再び独善偏狭に傾く惧れのあることを否定できない。

豊かにして勁い人間性に基づく文化の創出こそは、岩波新書が、その歩んできた同時代の現実にあって一貫して希い、目標としてきたところである。今日、その希いは最も切実である。岩波新書が創刊五十年・刊行点数一千五百点という画期を迎えて、三たび装を改めたのは、この切実な希いと、新世紀につながる時代に対応したいとするわれわれの自覚とによるものである。未来をになう若い世代の人々、現代社会に生きる男性・女性の読者、また創刊五十年の歴史を共に歩んできた経験豊かな年齢層の人々に、この叢書が一層の広がりをもって迎えられることを願って、初心に復し、飛躍を求めたいと思う。読者の皆様の御支持をねがってやまない。

（一九八八年一月）

基礎科学

宇宙からの贈りもの　毛利　衛
植物のこころ　塚谷裕一
「わかる」とは何か　長尾　真
化学に魅せられて　白川英樹
カラー版 続 ハッブル望遠鏡が見た宇宙　野本陽代
カラー版 ハッブル望遠鏡が見た宇宙　野本陽代　R・ウィリアムズ
宇宙の果てにせまる　野本陽代
木造建築を見直す　坂本　功
土石流災害　池谷　浩
カラー版 恐竜たちの地球　冨田幸光
市民科学者として生きる　高木仁三郎
科学の目 科学のこころ　長谷川眞理子
地震予知を考える　茂木清夫
カラー版 シベリア動物誌　福田俊司
味と香りの話　栗原堅三
生命と地球の歴史　丸山茂徳　磯崎行雄

極北シベリア　福田正己
科学論入門　佐々木力
活断層　松田時彦
摩擦の世界　角田和雄
日本酒　秋山裕一
量子力学入門　並木美喜雄
日本列島の誕生　平　朝彦

地震と建築　大崎順彦
物理学とは何だろうか 上・下　朝永振一郎
火山の話　中村一明

科学の方法　中谷宇吉郎
新しい地球観　上田　誠
宇宙と星　畑中武夫
数学入門 上・下　遠山　啓
無限と連続　遠山　啓

物理学はいかに創られたか 上・下　アインシュタイン　インフェルト　石原　純訳
零の発見　吉田洋一

コンピュータ

新パソコン入門　石田晴久
インターネット自由自在　石田晴久
パソコン自由自在　石田晴久
コンピュータ・ネットワーク　石田晴久
インターネット術語集　矢野直明
インターネットセキュリティ入門　佐々木良一
インターネットII　村井　純
インターネット　村井　純
パソコンソフト実践活用術　高橋三雄
インターネットが変える世界　古瀬幸広　廣瀬　克哉
Windows入門　脇　英世
マルチメディア　西垣　通

(2001.6)　(N)

岩波新書より

社会

定常型社会 新しい「豊かさ」の構想　広井良典
ゲランドの塩物語　コリン・コバヤシ
IT革命　西垣通
ワークショップ　中野民夫
原発事故はなぜくりかえすのか　高木仁三郎
女性労働と企業社会　熊沢誠
能力主義と企業社会　熊沢誠
子どもの危機をどう見るか　尾木直樹
メディア・リテラシー　菅谷明子
科学事件　柴田鉄治
証言水俣病　栗原彬編
マンション　小林一輔 藤木良明
コンクリートが危ない　小林一輔
日の丸・君が代の戦後史　田中伸尚
遺族と戦後　田中伸尚 田中宏 波田永実

在日外国人〔新版〕　田中宏
仕事術　森清
ハイテク社会と労働　森清
すしの歴史を訪ねる　日比野光敏
日用品の文化誌　柏木博
まちづくりの実践　田村明
まちづくりの発想　田村明
現代たばこ戦争　伊佐山芳郎
東京国税局査察部　立石勝規
バリアフリーをつくる　光野有次
雇用不安　野村正實
ドキュメント屠場　鎌田慧
ゴミと化学物質　酒井伸一
過労自殺　川人博
特捜検察　魚住昭
交通死　二木雄策
現代社会の理論　見田宗介
年金入門〔新版〕　島田とみ子
現代たべもの事情　山本博史
日本の農業　原剛

男の座標軸 企業から家庭・社会へ　鹿嶋敬
男と女 変わる力学　鹿嶋敬
現代を読む 一〇〇冊のノンフィクション　佐高信
ボランティア もうひとつの情報社会　金子郁容
都市開発を考える　大野輝之 レイコ・ハベ・エバンス
産業廃棄物　高杉晋吾
ごみとリサイクル　寄本勝美
市民と援助　松井やより
ディズニーランドという聖地　能登路雅子
男だって子育て　広岡守穂
私は女性にしか期待しない　松田道雄
ODA援助の現実　鷲見一夫
豊かさとは何か　暉峻淑子
障害者は、いま　大野智也
読書と社会科学　内田義彦

現代世界

アメリカの家族　岡田光世
現代中国文化探検　藤井省三
ロシア市民　中村逸郎
ライン河　加藤雅彦
ドナウ河紀行　加藤雅彦
中国路地裏物語　上村幸治
ロシア経済事情　小川和男
イスラームと国際政治　山内昌之
現代中国の経済　小島麗逸
イギリス式人生　黒岩徹
南アフリカ 「虹の国」への歩み　峯陽一
女たちがつくるアジア　松井やより
ユーゴスラヴィア現代史　柴宜弘
ビルマ 「発展」のなかの人びと　田辺寿夫
東南アジアを知る　鶴見良行
バナナと日本人　鶴見良行
環バルト海 地域協力のゆくえ　百瀬宏・志摩園子・大島美穂
フランス家族事情　浅野素女
人びとのアジア　中村尚司
ヴェトナム 「豊かさ」への夜明け　坪井善明
中国人口超大国のゆくえ　若林敬子
タイ 開発と民主主義　末廣昭
インドネシア 多民族国家の模索　小川忠
ハワイ　山中速人
現代アフリカ入門　勝俣誠
スウェーデンの挑戦　岡沢憲芙
アメリカのユダヤ人　土井敏邦
イスラームの日常世界　片倉もとこ
ヨーロッパの心　犬養道子
エビと日本人　村井吉敬

世界史

ローマ散策　河島英昭
中華人民共和国史　天児慧
古代エジプトを発掘する　高宮いづみ
サンタクロースの大旅行　葛野浩昭
義賊伝説　南塚信吾
現代史を学ぶ　溪内謙
獄中19年　徐勝
民族と国家　山内昌之
アメリカ黒人の歴史〔新版〕　本田創造
諸葛孔明　立間祥介
中国近現代史　小島晋治・丸山松幸
インカ帝国　泉靖一
中国の歴史 上・中・下　貝塚茂樹
インドとイギリス　吉岡昭彦
魔女狩り　森島恒雄
ヨーロッパとは何か　増田四郎
世界史概観 上・下　H・G・ウェルズ 長谷部文雄・阿部知二訳
歴史とは何か　E・H・カー 清水幾太郎訳